系列书总销量
突破30万册

Excel

Excel
数据透视表
的应用

德胜书坊 编著

数据报表制作 · 统计 · 分析
从新手到高手

U0244324

中国青年出版社
CHINA YOUTH PRESS

中青总媒

图书在版编目（CIP）数据

Excel数据报表制作、统计、分析从新手到高手：Excel数据透视表的应用 / 德胜书坊编著.
— 北京：中国青年出版社，2018.8
ISBN 978-7-5153-5103-2
I.①E…　II.①德…　III.①表处理软件　IV.①TP391.13
中国版本图书馆CIP数据核字（2018）第091531号

Excel数据报表制作、统计、分析从新手到高手：
Excel数据透视表的应用

德胜书坊　编著

出版发行：中国青年出版社
地　　址：北京市东四十二条21号
邮政编码：100708
电　　话：（010）50856188 / 50856199
传　　真：（010）50856111
企　　划：北京中青雄狮数码传媒科技有限公司
策划编辑：张　鹏
责任编辑：张　军

印　　刷：三河市文通印刷包装有限公司
开　　本：787×1092　1/16
印　　张：13
版　　次：2018 年 8 月北京第 1 版
印　　次：2018 年 8 月第 1 次印刷
书　　号：ISBN 978-7-5153-5103-2
定　　价：59.90 元（附赠案例素材文件、办公模板、语音视频教学、PDF 电子书等海量资源）

本书如有印装质量等问题，请与本社联系
电话：（010）50856188 / 50856199
读者来信：reader@cypmedia.com
投稿邮箱：author@cypmedia.com
如有其他问题请访问我们的网站：http://www.cypmedia.com

首先感谢您阅读本书!

众所周知,Excel具有强大的数据运算及分析能力。如果说Excel是数据处理的高手,那数据透视表则是高手中的高手。数据透视表是Excel中的一项数据处理功能,是以一种交互式的表格状态显示。利用该功能可以灵活地改变表格布局,以便按照不同方式分析数据,也可以从不同地角度对一些结构复杂的数据表数据进行深度剖析。针对数据透视表处理数据的众多优点,我们特组织了一批富有教学和实践经验的教师精心编写了本书,旨在用最高效的方法帮助读者解决数据分析和处理方面遇到的种种难题。

本书特色

讲解新颖,注重实用。全书以实际应用为出发点,打破传统的按部就班讲解知识的模式,从实际出发,合理地安排结构框架。

图文并茂,一步一图。全书采用图文结合的方式进行讲解,每一个操作步骤都有对应的插图,使读者在学习的过程中能够更加直观、清晰地看到操作效果。

由浅到深,由点到面。在学习完每章知识内容后,还设立了"动手练习"和"高手进阶"两个板块,从而进一步巩固和拓展本章所学的内容。

案例丰富,内容详细。在编写过程中,本书以大量贴近实际工作的经典案例来介绍数据分析与处理的各个方面,在讲解案例的同时,介绍Excel的相关知识。

内容概述

章节	主讲	内容介绍
01	数据透视表轻松入门	主要介绍数据透视表的应用范围、布局结构创建方法等内容
02	让数据透视表变变样	主要介绍数据透视表的布局调整、字段调整,以及数据透视表的基本操作等内容
03	让数据透视表更直观	主要介绍数据透视表样式的设置、数据异常显示方式设置以及突显数据的方式等内容
04	对数据自动进行统计分析	主要介绍数据的筛选和排序、切片器的应用和日程表的应用等内容
05	使用项目分组对数据进行分类	主要介绍数据自动分组、手动分组以及取消分组等操作

章节	主讲	内容介绍
06	在数据透视表中进行计算	主要介绍数据值汇总方式的设置、值显示方式的设置以及计算项与计算字段的添加等内容
07	数据透视表&数据源的那些事	主要介绍数据透视表的刷新、数据源的引用、动态数据透视表的创建以及多区域报表的创建等内容
08	PowerPivot让数据关系变简单	主要介绍PowerPivot的加载与启用、将数据导入至PowerPivot以及PowerPivot综合应用等内容
09	数据透视表的图形化展示	主要介绍数据透视图的创建、数据透视图的分析、静态图表的转换以及迷你图的插入等操作
10	数据透视表的输出与分享	主要介绍数据透视表的输出、共享与打印等操作

适用读者群

本书主要面向大中专院校、高等院校相关专业的学生，以及企事业单位办公人员。除此之外，还可以作为计算机办公应用用户的参考书籍。在学习过程中，欢迎加入读者交流群（QQ群：59505680）进行学习探讨。

本书在编写过程中力求严谨细致，但由于时间仓促，书中难免存在疏漏和不足之处，望广大读者批评指正。

编　者

CONTENTS / 目录

01 Chapter

数据透视表轻松入门

02 Chapter

让数据透视表变变样

03 Chapter

让数据透视表更直观

04 Chapter

对数据进行统计分析

05 Chapter

使用项目分组对数据进行分类

06 Chapter

在数据透视表中进行数据计算

07
Chapter

数据透视表&数据源的那些事

08
Chapter

PowerPivot让数据关系更简单

09
Chapter

数据透视表的图形化展示

10 Chapter

数据透视表的输出与共享

01
Chapter

数据透视表轻松入门

使用数据透视表工具可以轻松地对一些复杂的数据进行统计和分析，以实现数据的快速分类汇总、排序筛选、求和、计数等，方便用户对报表中各类数据进行分析。本章将介绍数据透视表工具的一些基本入门知识，例如数据透视表的创建方法以及结构布局等。

本章所涉及的知识要点：

◆ 认识数据透视表 　　　　◆ 创建数据透视表

◆ 了解数据透视表结构布局

本章内容预览：

使用"推荐的数据透视表"功能

创建数据透视表

1.1 认识数据透视表

数据透视表是Excel中常用且功能强大的数据处理工具。使用数据透视表，可以对数据进行分析、浏览或对工作表、外部数据源进行汇总操作。下面将简单介绍一下数据透视表的用途及相关术语。

1.1.1 数据透视表的用途

数据透视表是Excel最重要的功能之一，它的作用就是更便捷地对数据进行批量分析和处理。例如计算数据的平均值、标准差、计算百分比、创建新的数据子集等。创建数据透视表后，可对该表格重新排列，以便从不同的角度查看数据。使用数据透视表中的"切片器"或"日程表"等功能，可实现数据报表的人机交互功能，使报表的数据更加透明化。

1.1.2 何时使用数据透视表

在Excel软件中可以使用多种工具来对数据报表进行分析和处理。那遇到哪些情况，使用数据透视表工具最合适呢？下面将列举几种情况以便用户参考。

- 遇到需要对数据进行多条件统计，而使用函数或公式无法顺利统计出结果的情况；
- 遇到需要在得到的统计数据中，查找出某一字段的一系列相关数据时使用；
- 遇到需要在得到的统计数据中，查找出数据内部的各种关系并满足分组需要的情况下使用；
- 遇到需要对得到的统计数据进行行、列变化，随时切换数据统计维度，从而迅速得到新数据，满足不同要求的情况下使用；
- 遇到需要将得到的统计数据与原始数据源保持实时更新的情况下使用；
- 遇到需要将得到的统计数据用图形的方式表现，并使用筛选器筛选出哪些数据用图表来表示的情况下使用。

1.1.3 数据透视表相关术语

在学习使用数据透视表进行数据分析前，需要先了解数据透视表的一些相关专业术语。例如"数据源"、"字段"、"项"、"刷新"等。下面将分别对这些常用术语进行说明。

- **数据源：**创建数据透视表所使用的数据列表清单或多维数据集；
- **字段：**描述字段内容的标志，一般为数据源中的标题行内容；
- **项：**组成字段的成员，即字段中的内容；
- **刷新：**重新计算数据透视表，反映最新数据源的状态；
- **筛选器：**基于数据透视表中进行分页的字段，可对整个透视表进行筛选；
- **透视：**通过改变一个或多个字段的位置，重新排列数据透视表；
- **组合：**一组项目的集合，可自动或手动进行组合；
- **分类汇总：**在数据透视表中对一行或一列进行分类汇总；
- **汇总函数：**计算表格中数据值的统计方式。数值型字段的默认汇总函数为求和（SUM）；文本型字段的默认汇总方函数为计数（COUNT）；
- **轴：**数据透视表中的一维，例如行、列和页等；
- **行：**在数据透视表中具有行方向的字段；
- **列：**信息的种类，等同于数据列表中的列字段。

1.2 创建数据透视表

对数据透视表有了一定的了解后，接下来就可根据需要创建数据透视表了。在创建数据透视表之前，需要准备好正确的数据源格式，本小节将介绍数据透视表的创建准备、创建方法以及结构组成等内容。

1.2.1 数据透视表创建前的准备

数据透视表对数据源的要求较为严格，如果数据源格式不正确，则会为后期创建和使用数据透视表带来一系列麻烦。因此需按照规范进行数据源的录入，下面将列举几条数据源录入的基本规范，以供参考。

- Excel工作簿名称中不能包含非法字符；
- 数据源不能像下图一样包含多层表头，要有且仅有一行标题行；

	A	B	C	D	E
2			采购事项		
3	采购日期	采购单号	产品名称	供应商代码	单价(元)
4	7/6	S001-548	电剪	ME-22	361
5	7/7	S001-549	内箱\外箱\贴纸	MA-10	2\2\0.5
6	7/8	S001-550	电\蒸气熨斗	ME-13	130\220
7	7/9	S001-551	锅炉	ME-33	950
8	7/11	S001-552	润滑油	MA-24	12
9	7/11	S001-553	枪针\橡筋	MA-02	8\0.3
10	7/14	S001-554	拉链\拉链头	MA-02	0.2\0.2
11	7/15	S001-555	链条车	ME-11	87

- 数据源中不能包含空白的数据行和数据列；
- 数据源中不能包含对数据汇总的小计行；
- 数据源中不能像下图一样包含合并单元格；

	A	B	C
1	日期	时间	血糖水平
2		8:45	126
3	2007/11/1	12:30	115
4		19:15	100
5		8:00	132
6	2007/11/2	12:15	100
7		18:45	112
8		7:30	117
9	2007/11/3	11:30	115
10		17:00	112

- 数据源列字段中不能包含由已有字段计算出的字段；
- 数据源列字段名称不能重复；
- 数据源中数据格式必须统一；
- 一个工作表中的数据源不能拆分到多个工作表中。

1.2.2 数据透视表的创建方法

创建数据透视表的方法有3种，分别为：使用"插入数据透视表"功能创建、使用"推荐的数据透视表"功能创建以及利用向导功能创建。下面将分别对这3种方法进行介绍。

■ 使用"插入数据透视表"功能创建

使用"插入数据透视表"功能是最常用的方法。用户只需在"创建数据透视表"对话框中进行相关参数设置，即可完成创建操作。

步骤 01 打开素材文件。单击该工作表中任意一个单元格，在"插入"选项卡的"表格"选项组中，单击"数据透视表"按钮。

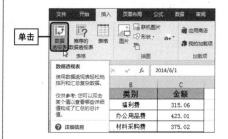

步骤 02 在"创建数据透视表"对话框中，保持所有的默认参数不变，单击"确定"按钮关闭对话框。

步骤 03 系统会自动新建Sheet2工作表，并在该工作表中创建一张空白透视表。同时，在工作表右侧会打开"数据透视表字段"窗格。

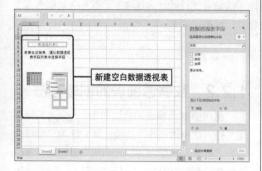

新建空白数据透视表

步骤 04 在该窗格中的"选择要添加到报表的字段"列表框中，勾选"日期"、"类别"和"金额"字段复选框。

勾选字段复选框

步骤 05 此时被勾选的字段已自动添加至该窗格的"行"区域和"值"区域中。同时相应的字段也被添加至空白透视表中。至此，完成数据透视表的创建操作。

② 使用"推荐的数据透视表"功能创建

"推荐的数据透视表"是Excel 2013新增的功能。该功能可以根据数据源来向用户推荐更为合理的数据透视表。对于初学用户来说，可以使用该功能创建数据透视表。

步骤 01 打开素材文件。单击表格中任意单元格。在"插入"选项卡的"表格"选项组中，单击"推荐的数据透视表"按钮。

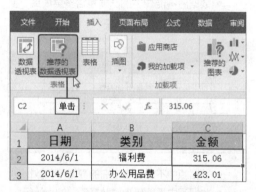

步骤 02 在打开的"推荐的数据透视表"对话框中单击"确定"按钮，即可完成数据透视表的创建操作。

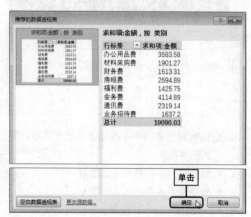

单击

3 利用向导创建数据透视表

利用向导创建数据透视表的方法是Excel 2003版本中最常见的创建方法。从Excel 2007版本开始，该方法已被淘汰。对于一些习惯使用低版本的用户，可以通过按Alt+D+P组合键打开向导对话框进行创建，在此其步骤将不再详细介绍。

1.2.3　了解数据透视表的结构

数据透视表由4大区域组成，分别为：筛选器区域、行区域、列区域以及值区域，下面将分别对这些区域进行说明。

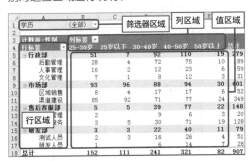

- **筛选器区域：** 该区域的字段将作为数据透视表的报表筛选字段；
- **行区域：** 该区域的字段将作为数据透视表的行标签显示；
- **列区域：** 该区域的字段将作为数据透视表的列标签显示；
- **值区域：** 该区域的字段将作为数据透视表显示汇总的数据。

1.2.4　"数据透视表字段"窗格介绍

"数据透视表字段"窗格是由"选择要添加到报表的字段"和"在以下区域间拖动字段"两个部分组成。

在该窗格中，用户可以轻易地向数据透视表中添加、删除和移动字段，也可以对数据透视表字段进行排序、筛选以及函数计算等操作。

1.2.5　数据透视表功能区介绍

完成数据透视表的创建后，单击透视表任意一个单元格，此时在功能区中则会显示"数据透视表工具"选项卡。该选项卡又由"分析"和"设计"两个子选项卡组成，通过这两个子选项卡中的相关命令，可对数据透视表中的数据进行分析和统计。

1 "分析"选项卡

"分析"选项卡主要是对透视表中的数据进行分析和统计操作。例如分组、排序、筛选、插入计算字段、插入计算项、插入切片器等。

下面将对"分析"选项卡中的常用参数进行说明。

- **数据透视表名称：**该命令可对数据透视表进行重命名；
- **选项：**单击该按钮可打开"数据透视表选项"对话框，用户可根据需要对其中的相关选项进行设置；

- **显示报表筛选页：**单击"选项"下拉按钮，选择该选项后，报表将按筛选页中的项分页显示，并且每一个新生成的工作表以报表筛选页中的项命名；
- **生成GetPivotData：**单击"选项"下拉按钮，选择该选项后，可调用数据透视表函数GetPivotData，从数据透视表中获取数据；
- **活动字段：**用于对当前活动字段重命名；
- **字段设置：**单击该按钮，打开"字段设置"对话框，从中可对相关选项进行设置；

- **向下钻取/向上钻取：**单击相应的按钮，会显示某一项目的下一级/上一级；
- **展开字段/折叠字段：**单击相应的按钮，会显示展开/折叠活动字段的所有项；
- **分组选择：**该功能可对数据透视表进行手动组合；
- **取消组合：**该功能可取消数据透视表存在的组合项；
- **分组字段：**该功能可对日期或数字字段进行自动组合；
- **插入切片器/插入日程表：**单击相应的按钮，可打开"插入切片器"/"插入日程表"对话框；

- **筛选器连接：**该功能可实现切片器或日程表的联动；
- **刷新：**该功能可刷新数据透视表；
- **更改数据源：**该功能可更改数据透视表的原始数据区域及外部数据的链接属性；

- **清除：**用于清除数据透视表字段及设置好的报表筛选；
- **选择：**用于选择数据透视表中的数据；
- **移动数据透视表：**用于改变数据透视表在工作簿中的位置；
- **字段、项目和集：**用于在数据透视表中插入计算字段、计算项和集管理；
- **OLAP工具：**根据OLAP多维数据集创建的数据透视表的管理工具；
- **关系：**用于在相同报表上显示来自不同表格的相关数据，必须在表格之间创建或编辑关系；
- **字段列表：**单击该按钮，可开启或关闭"数据透视表字段"窗格；
- **+/−按钮：**单击该按钮可展开或折叠数据透视表中的项目；
- **字段标题：**单击该按钮可显示或隐藏数据透视表行、列字段标题。

❷ "设计"选项卡

"设计"选项卡主要用于对数据透视表的布局外观进行美化设置。

"设计"选项卡中的各参数应用说明如下。

- **分类汇总：**用于将分类汇总移动到组的顶部、底部或关闭分类汇总；

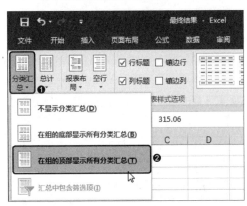

- **总计：**用于开启或关闭行和列的总计；

隐藏/显示总计行

- **报表布局：**单击该下拉按钮，可选择使用压缩、大纲或表格等形式显示数据透视表；

设置报布局

- **空行：**用于设置在每个项目后插入或删除空行；
- **行/列标题：**勾选相应的复选框，将数据透视表行/列字段标题显示为特殊样式；
- **镶边行/镶边列：**勾选相应的复选框，对数据透视表中的奇、偶行/列应用不同颜色的格式；
- **数据透视表样式：**在该选项组中选择相应的透视表样式。用户也可以自定义数据透视表样式。

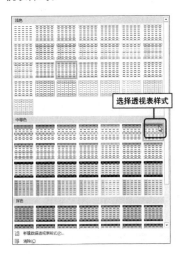

选择透视表样式

动手练习 | 创建年度销售数据透视表

对数据透视表的结构有所了解后，下面将以创建年度销售数据透视表为例，介绍如何够快速统计出所有销售人员一年的销售金额。

步骤 01 打开素材文件。单击工作表中任意单元格，在"插入"选项卡的"表格"选项组中，单击"数据透视表"按钮，打开"创建数据透视表"对话框，单击"确定"按钮。

步骤 02 在新建的Sheet2工作表右侧"数据透视表字段"窗格的字段列表中，将"销售月份"字段拖曳至"筛选"区域中。

步骤 03 在字段列表中，将"销售人员"和"商品名称"字段添加到"行"区域中，将"销售金额"字段添加至"值"区域中。

步骤 04 至此，完成按"销售人员"进行分类汇总的数据透视表创建操作。从该透视表中，用户可快速查看每位销售人员年度销售总金额。

步骤 05 双击工作表标签，然后对其进行重命名操作。

高手进阶 | 轻松创建职员工资统计表

当数据源表格中有合并单元格的情况时，是无法创建透视数据表的。那应该如何调整才能顺利创建呢？其实，用户只需要对含有合并单元格的那一列进行取消单元格合并操作，即可轻松解决该问题。下面将以创建公司职员工资统计表为例，来介绍具体的操作步骤。在创建数据透视表之前，首先需要对含有单元格合并的区域进行拆分，然后再进行批量填充数据，最后才能创建数据透视表。

1 拆分合并单元格

下面将使用"取消单元格合并"命令，对合并的单元格进行拆分。

步骤 01 打开素材文件。选中B列所有合并的单元格，在"开始"选项卡的"对齐方式"选项组中，单击"合并后居中"下拉按钮，选择"取消单元格合并"命令。

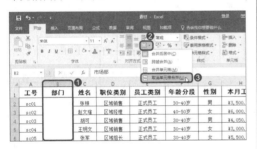

步骤 02 即可完成合并单元格的拆分操作。

2 批量填充单元格数据

单元格拆分后，为了提高数据录入效率，可使用批量填充的方法进行操作。

步骤 01 按Ctrl+G组合键，打开"定位"对话框，单击"定位条件"按钮。

步骤 02 在"定位条件"对话框中，单击"空值"单选按钮，单击"确定"按钮。

步骤 03 此时表格中所有的空白单元格已被选中。

快速删除表格中的重复值

在数据源中,如果误操作出现重复项时,需要将这些重复项删除才可创建数据透视表。具体方法为:选中表格任意单元格,在"数据"选项卡的"数据工具"选项组中,单击"删除重复值"按钮,在打开的"删除重复项"对话框中,根据需要勾选所需删除的单元列复选框,然后单击"确定"按钮,系统会自动删除该单元列的重复项,并打开系统提示框说明删除重复项的数目,单击"确定"按钮即可。

步骤 04 在表格上方编辑栏中,输入"=B2"。

输入公式

步骤 05 输入完毕后,按Ctrl+Enter组合键,即可完成空白单元格的填充操作。

步骤 06 选中B2:B38单元格区域。在"开始"选项卡的"字体"选项组中,单击"下框线"下拉按钮,在打开的下拉列表中选择"其他边框"选项。

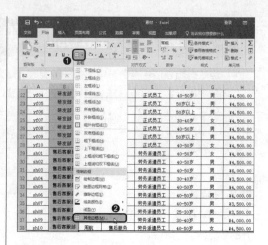

步骤 07 在"设置单元格格式"对话框的"边框"选项卡中,设置边框样式。

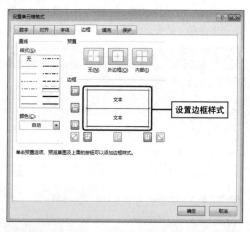

设置边框样式

步骤 08 设置完成后,单击"确定"按钮关闭对话框,完成该区域单元格边框的设置操作。

3 创建数据透视表

数据源的格式调整完成后，下面就可进行数据透视表的创建操作了。

步骤 01 首先选中表格中的任意一个单元格。在"插入"选项卡中单击"数据透视表"按钮，打开"创建数据透视表"对话框。

步骤 02 保持对话框中的参数为默认状态。单击"确定"按钮，即可在新建工作表中创建空白数据透视表。

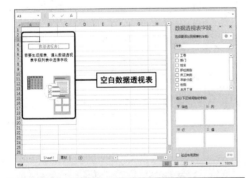

操作提示

💡 **培养良好的数据录入习惯**

由于数据透视表对数据源的要求比较严格，所以用户在录入数据源时，一定要按照相关数据格式录入。需要指定每一列字段的数据类型，同时在同一字段下的数据，不能出现混合类型。培养良好的录入习惯，为后期数据管理和分析做好准备。

步骤 03 在"数据透视表字段"窗格中，将"职位类别"字段拖至"筛选"区域；将"部门"和"姓名"字段添加至"行"区域；将"本月工资"字段添加至"值"区域。

步骤 04 即可完成数据透视表的创建操作。

步骤 05 在透视表中单击"职位类别"筛选按钮，在打开的筛选列表中选择相关筛选项，可更改透视表中数据的统计类别。

知识点 | 文字靠左，数字靠右

在我刚踏入工作岗位时，经常会制作类似于下左图这种表格。说实话，当时真没少挨批。领导总是说我的表格阅读起来很费劲，让我好好研究一下。为此我请教了公司里人称"万事通"的大李。他看了我的表格，笑着说："好好学吧，你这才刚入门呢！"之后在他的指导下，我终于明白了问题的所在。原来不是我的数据出了问题，而是在表格对齐设置上出了问题，下右图为修改后的表格。

同事大李告诉我，将表格中所有的数据统统居中对齐的方法不可取。表格有它自己的对齐原则：文字靠左，数字靠右。这遵循的是阅读习惯，在阅读文字时，人们习惯性的是左往右阅读；数据呢，则习惯从右往左读取：个、十、百、千、万……这样计数。所以遵循这条对齐原则，就算表格没有边框线，也不会造成阅读上的困扰。如此一来，表格也不必添加多余的线条，这样反而显得更简洁易读了！

当然也不能完全遵循这一对齐原则。例如，表头文字如果遵循文字靠左的话，就会出现下左图的情况。这种表格在读取时容易产生混淆。此时，我们选中所需设置的表头单元格，在"开始"选项卡的"对齐方式"选项组中，单击"右对齐"按钮即可，如下右图所示。

所以在遵循对齐原则同时，也要视情况而定。

02

Chapter

让数据透视表变变样

通过上一章节内容的介绍，相信用户对数据透视表的结构有了一定的了解。本章将对数据透视表的布局设置方面进行详细介绍，通过对数据透视表布局的调整，可满足用户从不同角度分析数据的需求。

本章所涉及的知识要点：

◆ 调整数据透视表布局

◆ 调整数据透视表字段

◆ 复制、移动和删除数据透视表

◆ 使用筛选器调整筛选字段的显示模式

本章内容预览：

以表格的形式显示数据透视表

复制并调整数据透视表布局

2.1 调整数据透视表布局

想要对数据透视表的布局进行调整，只需在"数据透视表字段"窗格中根据需要调整字段的位置，即可重新安排透视表的布局。

2.1.1 调整字段的显示顺序

数据透视表创建完成后，如果想要对当前透视表部分内容进行调整，可在"数据透视表字段"窗格中进行设置。

步骤01 打开"数据透视表"工作表。

打开数据透视表

步骤02 在"数据透视表字段"窗格的"筛选"区域中，单击"日期"字段下拉按钮，选择"移动到行标签"选项。

步骤03 设置后，即可在当前报表的行标签中添加日期字段。

步骤04 在"数据透视表字段"窗格中，勾选"业务收入"和"业务支出"字段复选框，即可在透视表中添加相关字段的内容。

操作提示

设置经典数据透视表布局

如果一些用户习惯使用早期版本的数据透视表布局模式，可利用"数据透视表选项"对话框中的相关功能，将当前布局样式更改为经典布局模式。其方法为：右击当前数据透视表任意单元格，在打开的快捷菜单中选择"数据透视表选项"命令，打开"数据透视表选项"对话框，单击"显示"选项卡，勾选"经典数据透视表布局（启用网格中的字段拖放）"复选框，然后单击"确定"按钮即可。

步骤05 在"数据透视表字段"窗格的"值"区域中，单击"求和项：利润"下拉按钮，选择"移至末尾"选项。

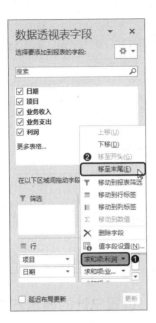

步骤 06 此时报表中的"求和项：利润"字段内容已自动移至报表末尾单列。

2.1.2　隐藏分类汇总数据

在默认状态下，数据透视表的每一组数据下会显示该组的汇总数据，用户可以通过以下3种方法对汇总项进行隐藏。

1 在功能区中执行隐藏操作

下面介绍使用功能区中的"不显示分类汇总"命令隐藏分类汇总项的方法，具体如下：

步骤 01 打开"数据透视表1"工作表。

步骤 02 在"数据透视表工具—设计"选项卡的"布局"选项组中，单击"分类汇总"下拉按钮，选择"不显示分类汇总"选项。

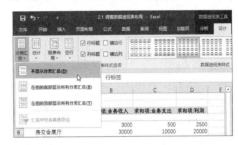

步骤 03 选择后系统将自动隐藏数据透视表中的汇总项。

步骤 04 如果想要恢复分类汇总项的显示，可在"设计"选项卡中，单击"分类汇总"下拉按钮，根据需要选择"在组的底部显示所有分类汇总"或"在组的顶部显示所有分类汇总"选项即可。

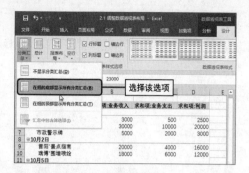

2 使用快捷菜单进行隐藏

用户还可以使用快捷菜单的方法隐藏分类汇总项，其方法为：右击"行标签"字段下任意单元格，在打开的快捷菜单中取消勾选"分类汇总'项目'"选项即可。

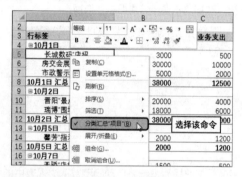

3 使用"字段设置"功能进行隐藏

除了以上两种方法外，用户还可以通过"字段设置"对话框进行隐藏操作。

步骤01 同样打开"数据透视表1"工作表。右击A10单元格，在打开的快捷菜单中选择"字段设置"命令。

步骤02 在"字段设置"对话框的"分类汇总和筛选"选项卡中，单击"无"单选按钮，然后单击"确定"按钮即可。

2.1.3　设置总计的显示方式

在默认情况下，总计项通常显示在行字段的最底部或者列字段的最右侧。如果不需要显示总计项，可将它禁用。

步骤01 打开"数据透视表2"工作表后，可以看到在透视表最下方和最右侧都显示总计项。

步骤02 在"设计"选项卡的"布局"选项组中，单击"总计"下拉按钮，选择"对行和列禁用"选项。

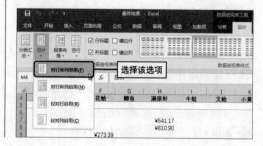

步骤 03 此时可看到透视表中的总计项已被禁用。

步骤 04 如果要恢复总计项，只需在"总计"下拉列表中选择"对行和列启用"选项即可。

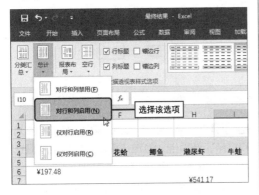

选择该选项

在"总计"下拉列表中，如果选择"仅对行启用"选项，则只对数据透视表中的行字段进行总计；如果选择"仅对列启用"选项，则只对数据透视表中的列字段进行总计。

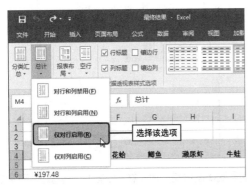

选择该选项

用户也可以使用右键快捷菜单中的命令，将总计项删除。右击要删除的总计项，在打开的快捷菜单中选择"删除总计"命令即可。

选择该命令

操作提示

2.1.4 调整数据透视表页面布局

在数据透视表中，用户可根据需要对透视表的显示类型进行调整。例如以压缩形式显示、以大纲形式显示以及以表格形式显示等下面将分别进行介绍。

❶ 以压缩形式显示

以压缩形式显示是数据透视表默认的显示方式，该显示方式可将不同行字段的项显示在数据透视表第一列中，以不同的缩进方式反映字段间的逻辑关系。

❷ 以大纲形式显示

在"设计"选项卡的"布局"选项组中，单击"报表布局"下拉按钮，选择"以大纲形式显示"选项，可将当前透视表以大纲的形式显示。选择该显示方式后，数据汇总行会在顶端显示。

3 以表格形式显示

在"设计"选项卡的"布局"选项组中，单击"报表布局"下拉按钮，选择"以表格形式显示"选项，可将当前数据透视表以表格的形式显示。

该形式是以传统表格的形式来显示数据，用户可以方便地复制数据。数据汇总行会在底端显示。

4 重复所有项目标签

重复所有项目标签是指在当前数据透视表中所有行字段的项均重复显示。在"设计"选项卡的"布局"选项组中，单击"报表布局"下拉按钮，选择"重复所有项目标签"选项即可。

在"报表布局"下拉列表中，若选择"不重复项目标签"选项，则系统会恢复到默认设置。

除了使用以上方法进行操作外，用户还可以使用"字段设置"功能进行操作。

步骤01 右击行字段任意单元格，在打开的快捷菜单中选择"字段设置"命令。

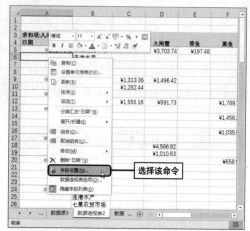

步骤02 在"字段设置"对话框中，单击"布局和打印"选项卡，勾选"重复项目标签"复选框，然后单击"确定"按钮。

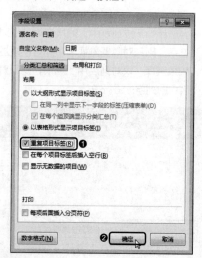

步骤03 设置完成后，在行字段中已重复显示项目标签。

用户在"分析"选项卡的"活动字段"选项组中，单击"字段设置"按钮，同样也可打开"字段设置"对话框并进行相应的设置。

2.2 调整数据透视表字段

上一小节介绍的是数据透视表整个页面布局的调整操作。接下来将向用户介绍如何对数据透视表字段进行调整，例如字段名称自定义、复合字段的整理、删除字段、隐藏字段标题等。

2.2.1 更改字段名称

在数据透视表中，用户如果对当前的字段名称不满意，可以进行重命名操作。

步骤 01 打开"数据透视表3"工作表，可以看到该透视表的"值"字段名称均自动添加了"求和项："。

	A	B	C	D
1				
2				
3	行标签	求和项:购置金额	求和项:残值	求和项:折旧值
4	包装机器	¥45,800.00	¥2,200.00	¥7,927.27
5	打印机	¥1,600.00	¥720.00	¥293.33
6	电脑	¥11,000.00	¥2,500.00	¥2,833.33
7	挂式空调	¥4,820.00	¥800.00	¥1,340.00
8	库房	¥120,000.00	¥5,000.00	¥25,555.56
9	汽车	¥290,800.00	¥7,500.00	¥113,320.00
10	数控机床	¥85,800.00	¥2,500.00	¥15,145.45
11	运输机	¥189,400.00	¥4,500.00	¥33,618.18
12	总计	¥749,220.00	¥25,720.00	¥200,033.13

步骤 02 单击B3单元格，在编辑栏中输入新字段内容，按回车键即可完成字段重命名操作。

步骤 03 按照同样的方法，更改其他值字段内容。

操作提示

更改字段名称注意事项

在对字段名称进行重命名时，需注意的是，修改后数据透视表中的字段名称与数据源中的标题行的名称不能相同，否则会出现错误提示。

用户还可以使用"替换"命令重命名字段名称，其具体操作如下：

步骤 01 选中B3:D3单元格区域，在"开始"选项卡的"编辑"选项组中，单击"替换"按钮。

步骤 02 在"查找和替换"对话框的"查找内容"文本框中输入"求和项："，然后在"替换为"文本框中输入一个空格，单击"全部替换"按钮即可。

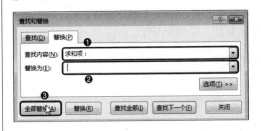

2.2.2 整理复合字段

在创建数据透视表时，用户经常会发现"值"区域的字段出现在"行"区域中，这样的数据透视表将难一眼看出数据统计值。为了方便用户读取和统计数据，需要对这些字段进行调整。

步骤01 打开"数据透视表3-1"工作表,可以看出透视表中的"求和项:购置金额"等值字段出现在行字段中。

步骤02 在"数据透视表字段"窗格中,将"行"区域中的"数值"字段拖曳至"列"区域中。

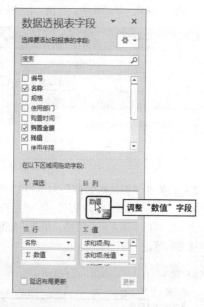

调整"数值"字段

步骤03 此时透视表总的字段也随之发生了变化。

除了以上操作方法外,用户还可以在"数据透视表字段"窗格中进行设置。其方法为:在"数据透视表字段"窗格的"行"区域中单击"Σ值"下拉按钮,在打开的下拉列表中选择"移动到列标签"选项,同样也可完成操作。

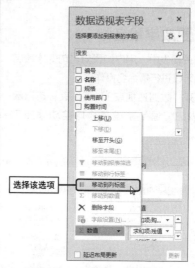

选择该选项

2.2.3 删除字段

在数据透视表中,如果需要对某一项字段进行删除操作,可使用以下方法。

步骤01 打开"数据透视表4"工作表,从中可以看到"季度"字段是多余的。

步骤02 在"数据透视表字段"窗格的"行"区域中,单击"季度"下拉按钮,在打开的下拉列表中选择"删除字段"选项。

选择该选项

步骤 03 即可删除"季度"字段。

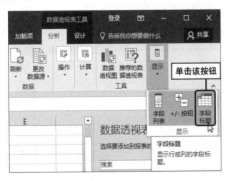

3	行标签	求和项:数量	求和项:单价	求和项:销售金额
4	⊟ 电磁炉			
5	王上蔚	38	219	8322
6	赵毅可	141	438	30879
7	⊟ 电饭煲			
8	宋冉冉	81	390	10530
9	⊟ 豆浆机			
10	倪婷	83	269	22327
11	王上蔚	90	269	24210
12	赵毅可	88	538	23672
13	⊟ 煎烤机			
14	王上蔚	220	657	48180
15	⊟ 榨汁机			
16	倪婷	115	738	42435
17	宋冉冉	27	130	3510
18	总计	883	3648	214065

2.2.4　隐藏字段标题

在实际操作中，要想隐藏行或列字段标题，只需单击数据透视表中的任意单元格，然后在"分析"选项卡的"显示"选项组中，单击"字段标题"按钮，即可隐藏行或列字段内容。

单击该按钮

2.2.5　折叠与展开活动字段

利用活动字段的折叠或展开功能，可轻松地对透视表中的某一字段进行隐藏。

步骤 01 打开"数据透视表5"工作表。右击B4单元格，在打开的快捷菜单中选择"展开/折叠"命令，并在其子菜单中选"折叠整个字段"选项。

选择该选项

步骤 02 选择完成后，透视表中"销售月份"字段的数据内容已全部隐藏。

若要展开所隐藏的字段，只需在相关字段上单击折叠按钮⊞，或者在"分析"选项卡的"活动字段"选项组中，单击"展开字段"按钮，即可展开所有字段。

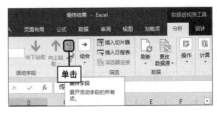

单击

2.2.6 在项目间插入空行

在一些数据比较繁多的数据报表中，用户可以使用空行来区分各项数据，以方便后期查看分析。

1 使用功能区命令插入空行

要想在数据透视表的每一项数据后添加空白行，可按照以下方法进行操作。

步骤 01 打开"数据透视表4-1"工作表。单击表格中的任意单元格，在"设计"选项卡的"布局"选项组中，单击"空行"下拉按钮，选择"在每个项目后插入空行"选项。

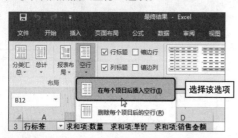

步骤 02 将数据透视表设置成以表格的形式显示，此时系统将在每组数据项后添加空白行。

3	商品名称 ▼	销售人员 ▼	求和项:数量	求和项:单价	求和项:销售金额
4	⊟电磁炉	王上尉	38	219	8322
5		赵毅可	141	438	30879
6					
7	⊟电饭煲	宋冉冉	81	390	10530
8					
9	⊟豆浆机	倪婷	83	269	22327
10		王上尉	90	269	24210
11		赵毅可	88	538	23672
12					
13	⊟煎烤机	王上尉	220	657	48180
14					
15	⊟榨汁机	倪婷	115	738	42435
16		宋冉冉	27	130	3510
17					
18	总计		883	3648	214065

步骤 03 为了更清楚地表达数据信息，可为数据透视表添加边框线。选择A3:E18单元格区域，在"开始"选项卡的"字体"选项组中，单击"边框"下拉按钮，选择"所有框线"选项即可。

3	商品名称 ▼	销售人员 ▼	求和项:数量	求和项:单价	求和项:销售金额
4	⊟电磁炉	王上尉	38	219	8322
5		赵毅可	141	438	30879
6					
7	⊟电饭煲	宋冉冉	81	390	10530
8					
9	⊟豆浆机	倪婷	83	269	22327
10		王上尉	90	269	24210
11		赵毅可	88	538	23672
12					
13	⊟煎烤机	王上尉	220	657	48180
14					
15	⊟榨汁机	倪婷	115	738	42435
16		宋冉冉	27	130	3510
17					
18	总计		883	3648	214065

2 使用"字段设置"对话框插入空行

除了使用功能区命令外，用户还可以对"字段设置"对话框中的相关参数进行设置来插入空行，其方法如下：

步骤 01 右击行字段任意单元格，在打开的快捷菜单中选择"字段设置"命令。

步骤 02 在"字段设置"对话框中，单击"布局和打印"选项卡，并勾选"在每个项目标签后插入空行"复选框，单击"确定"按钮，完成插入空白行操作。

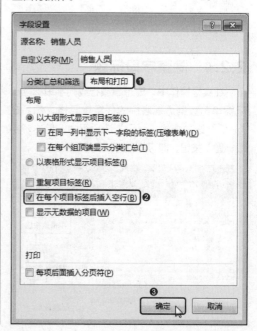

2.3 轻松编辑数据透视表

数据透视表创建完成后，用户可根据需要对透视表进行复制、移动以及删除等操作。

2.3.1 复制数据透视表

数据透视表创建完成后，如果需要对同一个数据源创建另一个数据透视表，只需将原数据透视表复制一份，然后在复制后的透视表中进行相销的更改即可。

步骤 01 打开"数据透视表6"工作表。选中A3:D28单元格区域并右击，在打开快捷菜单中选择"复制"命令。

步骤 02 然后右击当前透视表区域以外的任意单元格，在打开的快捷菜单中选择"粘贴"命令。

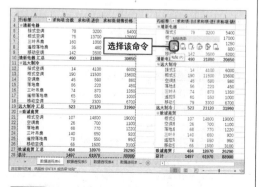

步骤 03 适当调整复制后数据透视表列宽，即可完成复制操作。

步骤 04 单击复制后数据透视表的任意单元格，在"数据透视表字段"窗格中，将"供应商"字段移动到"筛选"区域，即可调整该透视表结构。

2.3.2 移动数据透视表

用户可以根据需要在同一工作表中任意移动数据透视表，也可以将其移至新工作表中。

1 在同一张工作表中移动

如果只想在同一张工作表中移动数据透视表，可按照以下方法进行操作。

步骤 01 单击数据透视表中任意单元格，在"分析"选项卡的"操作"选项组中，单击"移动数据透视表"按钮。

步骤 02 在"移动数据透视表"对话框中，单击"位置"右侧选取按钮。

步骤 03 在当前工作表中单击数据透视表区域以外空白单元格。

步骤 04 再次单击选取按钮，展开"移动数据透视表"对话框，单击"确定"按钮，即可完成移动操作。

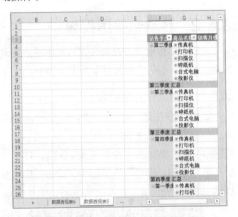

2 在不同工作表中移动

想要在不同工作表中移动数据透视表，可按照以下方法进行操作。

步骤 01 在需要移动的数据透视表中单击任意单元格，单击"移动数据透视表"按钮，打开相应的对话框，单击"新工作表"单选按钮。

步骤 02 单击"确定"按钮，即可在新工作表中显示所需数据透视表内容，然后适当调整透视表的列宽。

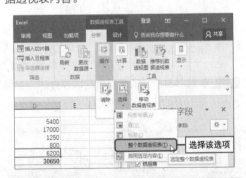

2.3.3 删除数据透视表

想要删除多余的数据透视表，只需选中数据透视表，按Delete键即可。

单击所需数据透视表的任意单元格，在"分析"选项卡的"操作"选项组中，单击"选择"下拉按钮，在下拉列表中选择"整个数据透视表"选项，然后按Delete键，即可直接删除该数据透视表内容。

操作提示

在受保护的透视表中调整布局

如果需要在受保护的数据透视表中对透视表的布局进行调整，可利用"保护工作表"功能进行操作。具体操作方法为：选中透视表中任意单元格，单击"审阅"选项卡下的"保护工作表"按钮，在"保护工作表"对话框的"允许此工作表的所有用户进行"列表中，勾选"使用数据透视表和数据透视图"复选框，单击"确定"按钮即可。

动手练习 | 调整家电销售报表的显示布局

本章向用户介绍了数据透视表的布局设置操作，其中包括页面布局和字段显示的调整等。下面将以调整迷你家用电器销售报表为例，来巩固本章所学的知识点。

步骤 01 打开"迷你家电销售报表"工作表。在"设计"选项卡的"布局"选项组中，单击"分类汇总"下拉按钮，选择"在组的顶部显示所有分类汇总"选项。

步骤 02 此时，透视表中的汇总项已显示在数据的顶部了。

步骤 03 在"设计"选项卡的"布局"选项组中，单击"总计"下拉按钮，选择"对行和列禁用"选项。

步骤 04 此时在透视表下方的总计项已隐藏。选中A4:A197单元格区域并右击，在快捷菜单中选择"组合"命令。

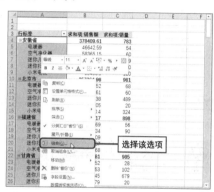

步骤 05 此时在该区域顶部会显示"数据组1"字段。

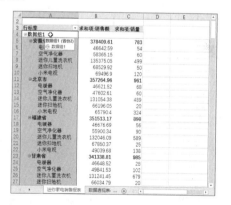

步骤 06 单击"数据组1"字段，在编辑栏中输入"合计"字样并按回车键，即可更改字段内容。

步骤 07 再次单击"分类汇总"下拉按钮，选择"在组的顶部显示所有分类汇总"选项，将在报表底部显示的数据汇总显示在顶部。

步骤 08 在"分析"选项卡的"显示"选项组中，单击"+/−按钮"按钮。

步骤 09 此时字段前的折叠按钮将被隐藏。

步骤 10 单击数据透视表任意单元格，在"分析"选项卡的"数据透视表"选项组中单击"选项"按钮，打开"数据透视表选项"对话框。在"布局和格式"选项卡中，将"压缩表单中缩进行标签"设为0字符，单击"确定"按钮。

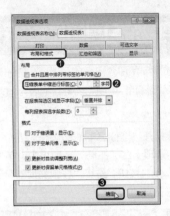

步骤 11 在"设计"选项卡的"布局"选项组中，单击"空行"下拉按钮，选择"在每个项目后插入空行"选项，即可在报表中每个省份后面都添加空白行。

步骤 12 在"数据透视表字段"窗格的"值"区域中，单击"求和项：销售额"下拉按钮，选择"移至末尾"选项，即可调整报表内容的显示顺序。

高手进阶 | 调整筛选字段的显示模式

在数据透视表的"筛选"区域中添加字段时，该字段会在报表顶部显示。单击该字段筛选按钮，可对字段进行筛选操作。下面介绍如何使用筛选器调整筛选字段的显示模式。

❶ 显示报表筛选字段的多个数据项

默认情况下，系统会显示数据透视表中所有字段内容。为了方便用户读取数据，可以将字段添加至"筛选"区域中进行筛选读取。

步骤01 打开"数据透视表8"工作表。单击"部门"筛选字段下拉按钮，打开筛选列表，选择需要显示的字段项，这里选择"策划部"字段。

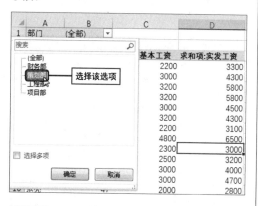

步骤02 单击"确定"按钮，此时在数据报表中仅显示策划部工作人员的信息数据项。

	A	B	C	D
1	部门	策划部		
2				
3	行标签	求和项:年龄	求和项:基本工资	求和项:实发工资
4	卞泽西	38	2200	3300
5	陈真	49	3000	4300
6	华龙	25	3000	4500
7	刘若曦	29	2200	3100
8	毛晶晶	31	2300	3000
9	总计	172	12700	18200
10				

步骤03 如果要筛选出多个部门的字段数据项，则单击"部门"筛选按钮，在筛选下拉列表中勾选"选择多项"复选框，然后在筛选列表中勾选多个筛选字段。

步骤04 选择完成后单击"确定"按钮，即可筛选出相关字段的数据项。

	A	B	C	D
1	部门	(多项)		
2				
3	行标签	求和项:年龄	求和项:基本工资	求和项:实发工资
4	卞泽西	38	2200	3300
5	陈真	49	3000	4300
6	华龙	25	3000	4500
7	刘若曦	29	2200	3100
8	毛家堰	28	4800	6500
9	毛晶晶	31	2300	3000
10	宋可人	44	2500	3200
11	张露	26	2300	3200
12	赵磊	29	4500	6000
13	总计	299	26800	37100

❷ 以水平并排的模式显示筛选字段

默认情况下，数据透视表顶部只显示一个筛选字段。如果用户需要添加其他的筛选字段，系统会将多个筛选字段垂直并排显示。

	A	B	C	D
1	部门	(多项)		
2	学历	(全部)		
3				
4	行标签	求和项:年龄	求和项:基本工资	求和项:实发工资
5	卞泽西	38	2200	3300
6	陈真	49	3000	4300
7	华龙	25	3000	4500
8	刘若曦	29	2200	3100
9	毛家堰	28	4800	6500
10	毛晶晶	31	2300	3000
11	宋可人	44	2500	3200
12	张露	26	2300	3200
13	赵磊	29	4500	6000
14	总计	299	26800	37100
15				

为了方便用户读取数据，可将多个筛选字段水平并排显示，具体操作如下。

步骤 01 右击数据透视表任意单元格，在打开的快捷菜单中选择"数据透视表选项"命令。

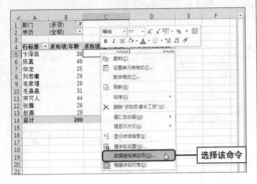

选择该命令

步骤 02 在"数据透视表选项"对话框的"布局和格式"选项卡中，将"在报表筛选区域显示字段"设为"水平并排"，并将"每行报表筛选字段数"设为2。

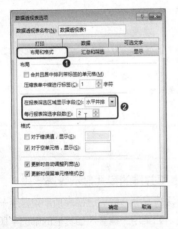

步骤 03 单击"确定"按钮关闭对话框，此时两个筛选字段已并排水平显示了。

如果想将筛选字段恢复成垂直并排显示模式，只需在"数据透视表选项"对话框中，将"报表筛选区域显示字段"更改为"垂直并排"，将"每行报表筛选字段数"设为0，单击"确定"按钮即可恢复。

3 显示报表筛选页

在数据透视表中，利用"显示报表筛选页"功能，可以将某一个筛选字段的数据项生成一系列数据透视表，并分别以一张新的工作表显示，每一张工作表中只显示报表筛选字段中的一个数据项。

步骤 01 在数据透视表中单击任意单元格。在"分析"选项卡的"数据透视表"选项组中，单击"选项"下拉按钮，选择"显示报表筛选页"选项。

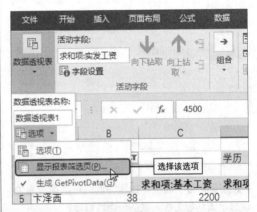

选择该选项

步骤 02 在"显示报表筛选页"对话框中，选择要显示的报表筛选字段，然后单击"确定"按钮，即可将所选筛选字段中的每一项数据分别显示在不同的工作表中。

03
Chapter

039~062

让数据透视表更直观

为了使数据透视表变得更加丰富多彩，用户可以为数据透视表添加相应的外观样式。用户可以选择Excel数据透视表自带的多种预设样式，也可以根据需要自定义样式。本章将介绍为数据透视表添加样式的操作方法。

本章所涉及的知识要点：

◆ 设置数据透视表样式　　　　◆ 设置异常数据显示方式

◆ 在数据透视表中突显数据　　◆ 创建影子数据透视表

本章内容预览：

设置数据透视表样式　　　批量设置数据项格式　　　在数据透视表中突显数据

3.1 设置数据透视表样式

要对数据透视表的样式进行设置，用户可直接套用预设样式，也可以自定义透视表样式进行操作。无论通过哪种方法，都可以制作出风格统一的数据透视表，方便用户快速格式化表格。

3.1.1 数据透视表样式的应用

本小节将向用户介绍数据透视表样式的设置操作，其中包含的知识点有：套用预设样式、应用文本主题设置样式、自定义样式、复制自定义样式以及清除样式等。

❶ 快速套用数据透视表预设样式

在"设计"选项卡中，系统预设了"浅色"、"中等色"和"深色"3种风格的样式库。选择其中一种样式即可套用至透视表。

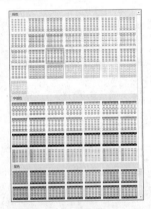

单击数据透视表中任意单元格，在"设计"选项卡的"数据透视表样式"选项组中，单击"其他"下拉按钮，选择一款满意的样式，此时被选中的数据透视表样式已发生了变化。

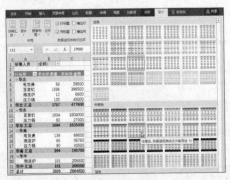

在数据透视表中，用户还可以单独对"行标题"、"列标题"、"镶边行"以及"镶边列"的样式进行设置。

在"设计"选项卡的"数据透视表样式选项"选项组中，勾选需要的样式复选框即可。

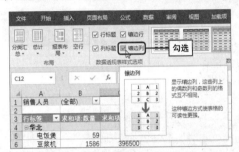

- **行标题：** 为数据透视表的行字段应用特殊格式；
- **列标题：** 为数据透视表的列标题应用特殊格式；
- **镶边行：** 为数据透视表中的奇偶行分别设置不同的格式；
- **镶边列：** 为数据透视表中的奇偶列分别设置不同的格式。

除了在"数据透视表工具—设计"选项卡中套用预设样式外，用户还可在"开始"选项卡的"样式"选项组中，单击"套用表格格式"下拉按钮，在打开的样式列表中选择一款样式，同样可套用至数据透视表中。

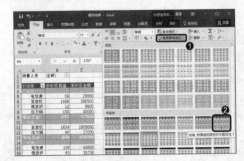

2 应用文本主题修改数据透视表样式

使用"主题"功能可以对数据透视表样式进行更改。Excel 2016软件为用户提供了多种主题样式，选择一款主题样式后，其数据透视表的样式也会随之改变。

在"页面布局"选项卡的"主题"选项组中，单击"主题"下拉按钮，在主题样式列表中选择一款满意的主题即可。

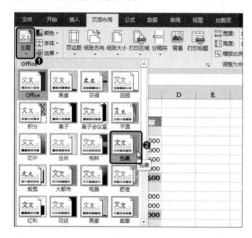

选择主题样式后，用户还可单击"颜色"、"字体"和"效果"下拉按钮，选择相应的选项来更改预设主题。

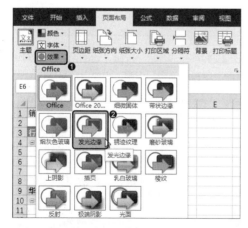

3 自定义数据透视表样式

如果对系统预设的样式不满意，用户还可以对当前样式进行自定义操作。

步骤01 打开"数据透视表"工作表，可以看到该透视表已添加了默认样式。

	A	B	C	D
1	销售人员	(全部)		
2				
3	行标签	求和项:数量	求和项:金额	
4	⊟华北			
5	电饭煲	59	29500	
6	豆浆机	1586	396500	
7	微波炉	12	6600	
8	压力锅	100	45000	
9	华北 汇总	1757	477600	
10	⊟华东			
11	豆浆机	1634	1808000	
12	压力锅	60	27000	
13	华东 汇总	1694	1835000	
14	⊟华南			
15	电饭煲	139	69500	
16	微波炉	65	35750	
17	压力锅	90	40500	
18	华南 汇总	294	145750	
19	⊟华中			
20	微波炉	181	206500	
21	华中 汇总	181	206500	
22	总计	3926	2664850	
23				

步骤02 在"设计"选项卡的"数据透视表样式"选项组中，单击"其他"下拉按钮，在打开的样式列表中，右击"深灰色，数据透视表样式深色 14"样式选项，在快捷菜单中选择"复制"命令。

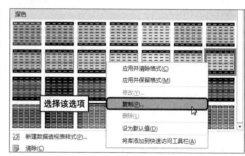

步骤03 在"修改数据透视表样式"对话框的"表元素"列表中，选择"标题行"选项，单击"格式"按钮。

步骤04 在"设置单元格格式"对话框中，单击"填充"选项卡，将背景色设为绿色。

步骤 05 单击"确定"按钮,返回上一层对话框。在"表元素"列表框中,选择"总计行"选项,单击"格式"按钮。

步骤 06 在"设置单元格格式"对话框中,同样将"总计行"背景色设为绿色。单击"确定"按钮返回上层对话框。在"表元素"列表框中,选择"分类汇总行1"选项,单击"格式"按钮。

步骤 07 在"设置单元格格式"对话框,单击"字体"选项卡,将"字形"设为"加粗倾斜"。

步骤 08 单击"填充"选项卡,将背景色设为"无颜色"。

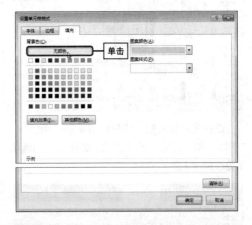

步骤 09 单击"确定"按钮,返回至上一层对话框再次单击"确定"按钮,完成自定义操作。

步骤 10 再次在"数据透视表样式"选项组中,单击"其他"下拉按钮,在打开的样式列表中显示了自定义的样式。

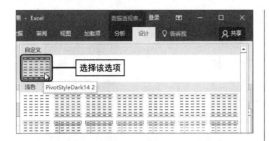

选择该选项

步骤 11 选中自定义的样式，即可应用至当前数据透视表中。

	A	B	C	D
1	销售人员	(全部)		
2				
3	行标签	求和项:数量	求和项:金额	
4	⊟华北			
5	电饭煲	59	29500	
6	豆浆机	1586	396500	
7	微波炉	12	6600	
8	压力锅	100	45000	
9	华北 汇总	1757	477600	
10	⊟华东			
11	豆浆机	1634	1808000	
12	压力锅	60	27000	
13	华东 汇总	1694	1835000	
14	⊟华南			
15	电饭煲	139	69500	
16	微波炉	65	35750	
17	压力锅	90	40500	
18	华南 汇总	294	145750	
19	⊟华中			
20	微波炉	181	206500	
21	华中 汇总	181	206500	
22	总计	3926	2664850	

以上介绍的是在预设样式的基础上自定义样式。如果要在无样式的数据透视表基础上自定义样式，可在样式列表中选择"新建数据透视表样式"选项。

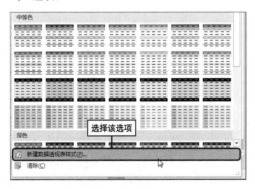

选择该选项

在打开的"新建数据透视表样式"对话框中设置相关元素样式即可。

在"新建数据透视表样式"对话框的"表元素"列表中，格式叠加需遵循如下规律：

- "整个表"作为最次优先级；
- "第一个标题"单元格优先于"标题行"；
- "行标题"优先于"第一列"；
- "行副标题"优先于"第一列"；
- "第一列"优先于"镶边行"；
- "第一列"优先于"分类汇总行"；
- "分类汇总行"优先于"镶边行"和"镶边列"；
- "镶边行"优先于"镶边列"。

"行副标题"与"第一列"的区别如下：

"行副标题"指数据透视表可能包含汇总行的不同行标签下面的项，不包含汇总行；

"第一列"指包含数据透视表行字段所有项在内的区域，包含汇总行及最末级行字段的项。

"第一行条纹"、"第二行条纹"与"镶边行"的关系如下：

"第一行条纹"是指数据透视表的值区域中，包含第一行在内的指定行高的奇数区域组成的行区域。当"第一条纹"与"第二行条纹"中的"条纹尺寸"均为1时，"第一行条纹"是指从数据透视表数值区域第一行开始的奇数行组成的区域。

"第二行条纹"指的是数据透视表值区域中包含第一行在内的指定行高的偶数区域组成的行区域。当"第一行条纹"和"第二行条纹"中的"条纹尺寸"均为1时，指的是从数据值第一行开始的偶数行组成的区域。

勾选"镶边行"复选框后，"第一行条纹"与"第二行条纹"中的样式显示在应用对应样式的数据透视表中。

4 复制自定义的数据透视表样式

自定义数据透视表样式后，可以使用复制和粘贴的方法，将自定义的样式应用至其他数据透视表中。

步骤 01 在"最终结果.xlsx"工作簿中，新建一张以"数据透视表1"命名的工作表。然后根据"数据源"工作表中的内容，创建一张数据透视表。

步骤 02 切换至"数据透视表"工作表。单击透视表中任意单元格，在"分析"选项卡的"操作"选项组中，单击"选择"下拉按钮，选择"整个数据透视表"选项。

步骤 03 选中整个数据透视表后，按Ctrl+C组合键，复制该透视表所有内容。然后切换至"数据透视表1"工作表中，单击空白区域中任意单元格，这里选择E1单元格，按Ctrl+V组合键，粘贴数据透视表。

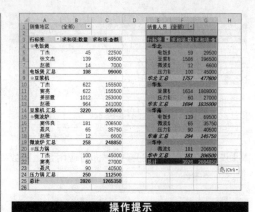

操作提示

将应用的样式设置为默认样式
在数据透视表样式列表中，选中满意的样式或者自定义样式后，右击该样式，在快捷菜单中选择"设为默认值"命令即可。

步骤 04 单击左侧数据透视表任意单元格。在"设计"选项卡的"数据透视表样式"选项组中，单击"其他"下拉按钮，选择"自定义"样式选项。

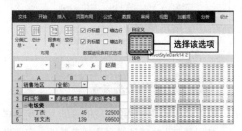

步骤 05 此时复制后的透视表样式已应用至新透视表中。按Delete键删除复制过来的数据透视表。

5 清除数据透视表中应用的样式

　　如果对自定义的样式不满意，可以修改样式或者清除样式。修改样式的操作之前已经介绍过，下面将详细介绍下如何清除数据透视表的样式。

　　选中数据透视表中的任意单元格，单击"设计"选项卡，在样式下拉列表中选择"无"选项，或者在该列表下方选择"清除"选项即可。

　　用户也可以在样式列表中，右击自定义样式，在快捷菜单中选择"删除"命令，即可清除自定义样式。

3.1.2 批量设置数据透视表中某数据项的格式

　　为了能够强调透视表中的一些重要数据项，用户可对这些数据项的格式进行设置，以便用户能够快速读取报表中的重要数据信息。

1 启用选定内容功能

　　如果想对透视表中某一项数据的格式进行设置，就要先选定这些数据项。除了使用鼠标拖曳的方法选定外，还可以使用"启用选定内容"功能进行选择。

　　在"分析"选项卡的"操作"选项组中，单击"选择"下拉按钮，选择"启用选定内容"选项，即可启用该功能。

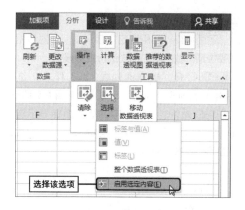

　　"启用选定内容"选项如果处于灰色状态，则表示该功能已启用。

　　启用该功能后，将光标放置在数据透视表行字段的分割线上，此时光标会以向下箭头图标显示，单击即可选中所有与该行字段相关的数据项。

	A	B	C	D
1	销售地区	(全部)	▼	
2				
3	行标签	求和项:数量	求和项:金额	
4	⊟电饭煲			
5	丁杰		22500	
6	张文杰	139	69500	
7	赵薇	14	7000	
8	**电饭煲 汇总**	**198**	**99000**	
9	⊟豆浆机			
10	丁杰	622	155500	
11	窦亮	622	155500	
12	美丽霞	1012	253000	
13	赵薇	964	241000	
14	**豆浆机 汇总**	**3220**	**805000**	
15	⊟微波炉			
16	窦伟良	181	206500	
17	聂风	65	35750	
18	赵薇	12	6600	
19	**微波炉 汇总**	**258**	**248850**	
20	⊟压力锅			
21	丁杰	100	45000	
22	窦亮	60	27000	
23	聂风	90	40500	
24	**压力锅 汇总**	**250**	**112500**	
25	**总计**	**3926**	**1265350**	
26				

　　如果未启用该功能，此时光标会以默认十字图标显示。

	A	B	C
1	销售地区	(全部)	▼
2			
3	行标签 ▼	求和项:数量	求和项:金额
4	⊟电饭煲		
5	丁杰	45	22500
6	张文杰	139	69500
7	赵薇	14	7000
8	**电饭煲 汇总**	**198**	**99000**

2 批量设置数据格式

下面将以"启用选定内容"功能，对数据透视表中某一数据项的格式进行批量设置。

步骤 01 打开"数据透视表2"工作表。选择"启用选定内容"选项后，将光标放置A5单元格左侧空白处，当光标呈向右箭头图标显示时单击。此时该透视表中，所有显示"丁杰"字段的数据项都将被选中。

	A	B	C	D
1	销售地区	(全部) ▼		
2				
3	行标签 ▼	求和项:数量	求和项:金额	
4	⊟电饭煲			
5	→ 丁杰	45	22500	
6	张文杰	139	69500	
7	赵薇	14	7000	
8	电饭煲 汇总	198	99000	
9	⊟豆浆机			
10	丁杰	622	155500	
11	窦亮	622	155500	
12	姜丽霞	1012	253000	
13	赵薇	964	241000	
14	豆浆机 汇总	3220	805000	
15	⊟微波炉			
16	窦伟良	181	206500	
17	聂风	65	35750	
18	赵薇	12	6600	
19	微波炉 汇总	258	248850	
20	⊟压力锅			
21	丁杰	100	45000	
22	窦亮	60	27000	
23	聂风	90	40500	
24	压力锅 汇总	250	112500	
25	总计	3926	1265350	
26				

单击

步骤 02 在"开始"选项卡的"字体"选项组中，单击"填充颜色"按钮，在打开的颜色列表中选中满意的底纹颜色，这里选择黄色。

选择 / 黄色 / 无填充(N) / 其他颜色(M)...

步骤 03 此时，所有"丁杰"字段的数据项都添加了黄色底纹。

	A	B	C	D
1	销售地区	(全部) ▼		
2				
3	行标签 ▼	求和项:数量	求和项:金额	
4	⊟电饭煲			
5	丁杰	45	22500	
6	张文杰	139	69500	
7	赵薇	14	7000	
8	电饭煲 汇总	198	99000	
9	⊟豆浆机			
10	丁杰	622	155500	
11	窦亮	622	155500	
12	姜丽霞	1012	253000	
13	赵薇	964	241000	
14	豆浆机 汇总	3220	805000	
15	⊟微波炉			
16	窦伟良	181	206500	
17	聂风	65	35750	
18	赵薇	12	6600	
19	微波炉 汇总	258	248850	
20	⊟压力锅			
21	丁杰	100	45000	
22	窦亮	60	27000	
23	聂风	90	40500	
24	压力锅 汇总	250	112500	
25	总计	3926	1265350	

步骤 04 将光标放置在A8单元格左侧并单击，即可选中所有汇总数据项。

	A	B	C	D
1	销售地区	(全部) ▼		
2				
3	行标签 ▼	求和项:数量	求和项:金额	
4	⊟电饭煲			
5	丁杰	45	22500	
6	张文杰	139	69500	
7	赵薇	14	7000	
8	电饭煲 汇总	198	99000	
9	⊟豆浆机			
10	丁杰	622	155500	
11	窦亮	622	155500	
12	姜丽霞	1012	253000	
13	赵薇	964	241000	
14	豆浆机 汇总	3220	805000	
15	⊟微波炉			
16	窦伟良	181	206500	
17	聂风	65	35750	
18	赵薇	12	6600	
19	微波炉 汇总	258	248850	
20	⊟压力锅			
21	丁杰	100	45000	
22	窦亮	60	27000	
23	聂风	90	40500	
24	压力锅 汇总	250	112500	
25	总计	3926	1265350	

步骤 05 在"填充颜色"列表中选择满意的底纹颜色，这里选择橙色。至此，完成数据项格式批量设置操作。

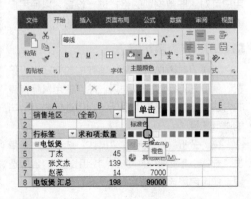

单击 / 无填充(N) / 橙色 / 其他颜色(M)...

3.2 设置异常数据的显示方式

在数据透视表中，当一些数据项显示不能满足日常的使用要求，或者想要突显某数据项时，就需要对这些数据项的显示方式进行设置，从而使用户能够快速读取数据透视表中重要的数据项，以便后期分析和统计数据。

3.2.1 设置错误值的显示方式

数据透视表中出现了错误值，会直接影响数据的显示效果。下面将介绍对错误值的显示方式进行设置的操作方法。

步骤01 打开"数据透视表3"工作表。可以看到在该透视表中出现了错误值，并以"#DIV/0!"的方式显示。

	A	B	C	D	E
1	行标签	求和项:数量	求和项:金额	求和项:平均单价	
2	⊟虹口店	3153	1166539	370	
3	电磁炉	2959	1131891	383	
4	蒸蛋器	194	34648	179	
5	⊟松江店	0	243680	#DIV/0!	
6	蒸蛋器	0	243680	#DIV/0!	
7	⊟徐汇店	674	430245	638	
8	电烤箱	182	107964	593	
9	豆芽机	383	158208	413	
10	榨汁机	109	164073	1505	
11	⊟长宁店	0	13503	#DIV/0!	
12	电磁炉	0	13503	#DIV/0!	
13	总计	3827	1853966	484	
14					

步骤02 右击该透视表任意单元格，在打开的快捷菜单中选择"数据透视表选项"命令。

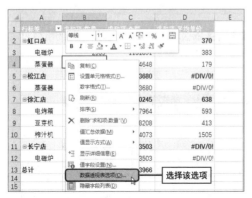

步骤03 在"数据透视表选项"对话框的"布局和格式"选项卡中，勾选"对于错误值，显示"复选框，并输入显示值，这里输入"/"。

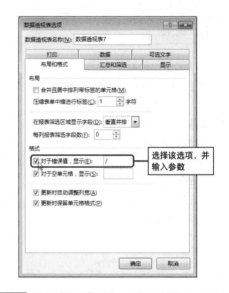

选择该选项，并输入参数

步骤04 单击"确定"按钮，关闭对话框。此时，数据透视表中的所有错误值都以"/"显示。

	A	B	C	D	E
1	行标签	求和项:数量	求和项:金额	求和项:平均单价	
2	虹口店	3153	1166539	370	
3	电磁炉	2959	1131891	383	
4	蒸蛋器	194	34648	179	
5	⊟松江店	0	243680	/	
6	蒸蛋器	0	243680	/	
7	⊟徐汇店	674	430245	638	
8	电烤箱	182	107964	593	
9	豆芽机	383	158208	413	
10	榨汁机	109	164073	1505	
11	⊟长宁店	0	13503	/	
12	电磁炉	0	13503	/	
13	总计	3827	1853966	484	

3.2.2 设置数据透视表中的空单元格

默认情况下，行字段中如果出现空白单元格，则该单元格会以"（空白）"显示。如果在"值"区域中出现空格，则不显示数值。

地区	商品	北京市	上海市	天津市	重庆市	总计	H
华北	餐桌椅	1294		492		1786	
	儿童床	324		352		676	
	沙发	60				60	
	梳妆台	200				200	
	(空白)			300		300	
华北 汇总		1878		1144		3022	
华东	儿童床		176			176	
	文件柜		800			800	
华东 汇总			976			976	
华南	电脑桌		48			48	
	(空白)			36		36	
华南 汇总			48	36		84	
西南	餐桌椅				82	82	
	文件柜				400	400	
	(空白)		525		1743	2268	
西南 汇总			525		2225	2750	
(空白)	餐桌椅		357			357	
(空白) 汇总			357			357	
总计		1878	1906	1180	2225	7189	

❶ 设置空单元格显示为 "−"

在数据透视表中，如果想设置空白单元格显示为 "−"，可通过以下方法操作。

步骤 01 打开"数据透视表4"工作表。右击数据透视表任意单元格，在快捷菜单中选择"数据透视表选项"命令，在打开的对话框中取消勾选"对于空单元格，显示"复选框。

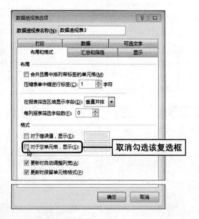

步骤 02 单击"确定"按钮关闭对话框，此时透视表中所有空白单元格均显示为0。

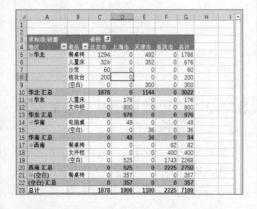

步骤 03 在"分析"选项卡中，单击"字段设置"按钮，打开"值字段设置"对话框。单击"数字格式"按钮。

步骤 04 在"设置单元格格式"对话框的"分类"列表框中，选择"自定义"选项，并在右侧"类型"文本框中输入"G/通用格式;G/通用格式;'−'"格式代码。

步骤 05 依次单击"确定"按钮，关闭所有对话框，完成设置操作。

② 取消空单元格的自定义显示

如果想要取消空单元格自定义显示，则在"数据透视表选项"对话框中，勾选"对于空单元格，显示"复选框即可。

3.2.3 去除数据透视表中的 "（空白）"数据

想要去除行字段中的"（空白）"单元格显示，可以使用以下3种方法。

① 查找替换去除"（空白）"数据

下面介绍使用"替换"功能去除"（空白）"单元格显示的方法，具体如下。

步骤 01 单击数据透视表任意单元格，在"开始"选项卡的"编辑"选项组中，单击"查找和替换"下拉按钮，选择"替换"选项。

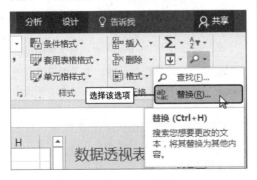

步骤 02 打开"查找和替换"对话框，在"查找内容"文本框中输入"（空白）"，在"替换为"文本框中按一次空格键，然后单击"全部替换"按钮。

步骤 03 在打开的系统提示对话框中，会提示替换的数目，单击"确定"按钮返回上一层对话框，单击"关闭"按钮即可去除透视表中所有"（空白）"数据。

② 重命名去除"（空白）"数据

下面介绍使用重命名功能去除"（空白）"单元格显示的方法。

步骤 01 在"查找和替换"下拉列表中，选择"查找"选项，打开"查找和替换"对话框，在"查找内容"文本框中输入"（空白）"，单击"查找全部"按钮。

操作提示

💡 **单元格格式与数字格式的区别**
设置单元格格式是仅对当前选中的单元格区域的格式进行设置，例如添加边框线或底纹。而设置数字格式是对当前活动值字段的格式进行设置。

步骤 02 在查找结果列表中，选中所有查找结果选项。此时数据透视表中的所有"（空白）"数据单元格都被选中。

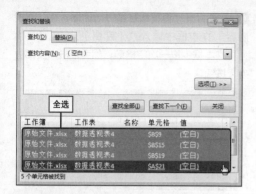

步骤03 将光标放置在编辑栏中，按一次空格键，然后按Ctrl+Enter组合键即可。

	A	B	C	D	E	F	G	H
4	地区	商品	北京市	上海市	天津市	重庆市	总计	
5	华北	餐桌椅	1294		492		1786	
6		儿童床	324	352			676	
7		沙发	60				60	
8		梳妆台	200				200	
9					300		300	
10			1878		1144		3022	
11	华东	儿童床		176			176	
12		文件柜		800			800	
13				976			976	
14	华南	电脑桌		48			48	
15					36		36	
16				48	36		84	
17	西南	餐桌椅				82	82	
18		文件柜				400	400	
19					525	1743	2268	
20					525	2225	2750	
21		餐桌椅			357		357	
22					357		357	
23	总计		1878	1906	1180	2225	7189	

3 自动更正去除"（空白）"数据

使用"自动更正"功能去除"（空白）"单元格显示的方法如下。

步骤01 单击"文件"选项卡，在打开的文件列表中选择"选项"选项，打开"Excel选项"对话框。在"校对"选项面板中，单击右侧的"自动更正选项"按钮。

步骤02 在"自动更正"对话框的"替换"文本框中输入"（空白）"，在"为"文本框中按一次空格键，单击"添加"按钮。

步骤03 依次单击"确定"按钮，完成自动更正设置。单击"（空白）"单元格，在编辑栏中选中"（空白）"字样，依次按Ctrl+C、Ctrl+V组合键，然后再按回车键即可。

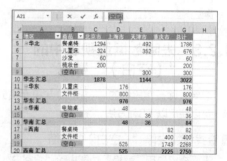

3.2.4 设置指定值字段的格式

为了区分数据统计表中值字段的数据项，通常需要对这些数据项的格式进行设定。下面介绍几种数据格式设置的操作方法。

1 为值字段添加货币符号

默认情况下，一些带有金额的数据透视表的值字段是以常规格式显示的。为了用户读取该字段的金额数时更直观，可为该字段添加货币符号。

步骤01 打开"数据透视表5"工作表。右击"求和项：销售额"字段任意单元格。在打开的快捷菜单中选择"数字格式"命令。

步骤 01 打开"数据透视表6"工作表，可以看到在"求和项：数量"字段下显示了所有数据项。

步骤 02 在"设置单元格格式"对话框的"分类"列表框中选择"货币"选项，并将右侧"小数位数"设置为0，其他选项参数为默认值。

步骤 02 右击"求和项：数量"字段任意单元格，在快捷菜单中选择"数字格式"命令，打开"设置单元格格式"对话框。在"分类"列表框中选择"自定义"选项，然后在"类型"文本框中输入"[>50]#,000;;;"格式代码。

步骤 03 设置完成后，单击"确定"按钮，关闭对话框。此时"求和项：销售额"字段已添加了货币符号和千位符。

步骤 03 单击"确定"按钮，关闭对话框。此时"求和项：数量"字段中所有小于50的数据项将不显示。

2 自定义数据项格式

在"设置单元格格式"对话框中，如果对预设的数据格式不满意，用户可以进行自定义操作。下面以不显示销售数量小于50的数据为例，介绍自定义数据格式的操作。

3.3 在数据透视表中突显数据

为了能够突出显示数据透视表中某段数据项，用户可以使用"条件格式"功能进行设置，本小节将介绍条件格式功能的应用与管理操作。

3.3.1 应用条件格式突显数据

利用Excel中丰富的条件格式功能，可以很直观地观察数据，以便后期分析数据。下面将简单介绍条件格式的应用规则。

❶ 突显单元格规则

想要对数据透视表中某数据项突出显示，可利用"突显单元格规则"功能进行设置。下面将以突显金额小于200000元的数据为例，介绍其设置方法。

步骤 01 打开"数据透视表7"工作表。按住Ctrl键，选择D4:D10和D12:D16两个单元格区域。

▲	A	B	C	D
1	分店销售	松江店 ▼		
2				
3	营业员 ▼	月份 ▼	求和项:数量	求和项:金额
4	⊟潘颖	11月	16211	¥1,454,930
5		12月	9334	¥279,850
6		2月	11	¥2,380
7		5月	1393	¥765,795
8		7月	310	¥80,391
9		8月	591	¥362,031
10		9月	659	¥220,464
11	潘颖 汇总		28509	¥3,165,841
12	⊟瞿美英	10月	440	¥118,563
13		12月	3614	¥489,415
14		2月	212	¥83,624
15		8月	175	¥61,402
16		9月	209	¥60,5[]
17	瞿美英 汇总		4650	¥813,507
18	总计		33159	¥3,979,348

步骤 02 在"开始"选项卡的"样式"选项组中，单击"条件格式"下拉按钮，选择"突出显示单元格规则"选项，并在子列表中选择"小于"选项。

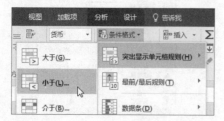

步骤 03 在打开的"小于"对话框中，输入200000，然后单击"设置为"下拉按钮，在打开的列表中选择"黄填充色深黄色文本"选项。

步骤 04 单击"确定"按钮，此时被选中的单元格区域已突显出金额小于200000元的数据项。

▲	A	B	C	D
1	分店销售	松江店 ▼		
2				
3	营业员 ▼	月份 ▼	求和项:数量	求和项:金额
4	⊟潘颖	11月	16211	¥1,454,930
5		12月	9334	¥279,850
6		2月	11	¥2,380
7		5月	1393	¥765,795
8		7月	310	¥80,391
9		8月	591	¥362,031
10		9月	659	¥220,464
11	潘颖 汇总		28509	¥3,165,841
12	⊟瞿美英	10月	440	¥118,563
13		12月	3614	¥489,415
14		2月	212	¥83,624
15		8月	175	¥61,402
16		9月	209	¥60,503
17	瞿美英 汇总		4650	¥813,507
18	总计		33159	¥3,979,348

❷ 突显最前/最后规则

下面将以突显金额最多的3个数据项为例，介绍突显最前/最后规则的操作。

步骤 01 打开"数据透视表8"工作表。选择D5:D13单元格区域，单击"条件格式"下拉按钮，选择"突显最前/最后规则"选项，在子列表中选择"前10项"选项。

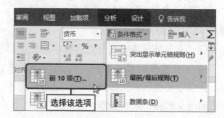

步骤 02 在"前10项"对话框中输入3，然后在"设置为"下拉列表中选择"绿填充色深绿色文本"选项。

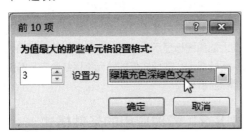

步骤 03 单击"确定"按钮，此时在被选中的单元格区域中已突显前3项数据。

▲	A	B	C	D
1				
2	商品名称	蒸蛋器		
3				
4	营业员	月份	求和项:数量	求和项:金额
5	⊟聂风	10月	15	¥4,661
6		1月	12	¥2,679
7		7月	80	¥10,535
8		9月	381	¥119,752
9	⊟潘颖	2月	11	¥2,380
10	⊟瞿美英	10月	40	¥8,430
11		9月	8	¥2,320
12	⊟邢月娥	7月	47	¥18,147
13		9月	136	¥81,367
14	总计		730	¥250,271

🕄 应用数据条显示数据

　　应用数据条显示数据，可以方便用户查看某项数据之间的对比情况。数据条越长，值越大；数据条越短，值越小。

步骤 01 打开"数据透视表9"工作表，选中C5:C7单元格区域。单击"条件格式"下拉按钮，选中"数据条"选项，并在其子列表中选择满意的数据条样式。这里选择"橙色数据条"样式选项。

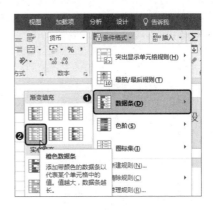

步骤 02 此时，被选中的单元格区域已添加了数据条。

▲	A	B	C	D
1				
2				
3	行标签	求和项:数量	求和项:金额	
4	⊟电饭煲			
5	丁杰	45	¥22,500	
6	张文杰	139	¥69,500	
7	赵薇	14	¥7,000	
8	⊟豆浆机			
9	丁杰	622	¥155,500	
10	窦亮	622	¥155,500	
11	姜丽霞	1012	¥253,000	
12	赵薇	964	¥241,000	
13	⊟微波炉			
14	窦伟良	181	¥206,500	
15	聂风	65	¥35,750	
16	赵薇	12	¥6,600	
17	⊟压力锅			
18	丁杰	100	¥45,000	
19	窦亮	60	¥27,000	
20	聂风	90	¥40,500	
21	总计	3926	¥1,265,350	

🕄 应用色阶显示数据大小

　　色阶是以渐变色的形式来显示数据间的对比情况。选择数据透视表中所需值区域的相关单元格，在"条件格式"下拉列表中选择"色阶"选项，并在其子列表中根据需要选择相关色阶选项。

此时被选中的数据项会以颜色的深浅关系来显示数据大小。

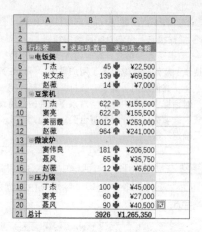

由上图可以看出，数值较大的单元格以绿色渐变色显示；中间值单元格以白色显示；数值较低的单元格以红色渐变色显示。

5 应用图标集显示数据等级

使用图标集样式可以将透视表中的数据以图标的形式显示。在数据透视表中，选择所需单元格区域。在"条件格式"下拉列表中选择"图标集"选项，并在其子列表中根据需要选择所需的图标类型。

操作提示

以不同颜色突显最大、最小值

选择所需单元格区域，单击"条件格式"下拉按钮，选择"新建规则"选项，打开"新建格式规则"对话框，在"为符合此公式的值设置格式"文本框中输入MIN函数公式，再设置"最小值"格式的颜色，然后按照同样的操作，输入MAX函数公式，再设置"最大值"格式的颜色即可。

选择完成后，被选中的数据项则会添加相应的图标集。

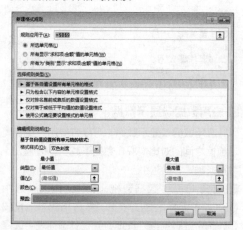

由上图可以看出，数值较大的单元格以绿色向上箭头图标显示；中间值单元格以黄色横向箭头图标显示；数值较低的单元格以红色向下箭头图标显示。

3.3.2 管理应用的条件格式

在"条件格式"下拉列表中，如果预设的条件规则无法满足用户的需求，可以自定义新的条件规则。

1 新建条件格式规则

在"条件格式"下拉列表中选择"新建规则"选项，在打开的"新建格式规则"对话框中，根据需要设置规则、类型、格式等参数，即可创建新的条件格式规则。

下面将以突显消费金额最大的前3项数据为例，介绍新建条件格式规则的操作方法。

步骤 01 打开"数据透视表10"工作表。选择 B4:B11单元格区域,单击"条件格式"下拉按钮,选择"新建规则"选项。

步骤 02 在打开的"新建格式规则"对话框的"选择规则类型"列表框中,选择"仅对排名靠前或靠后的数值设置格式"选项。

步骤 03 在"对以下排列的数值设置格式"选项区域中,将参数设为"最高",并在数值框中输入3,然后单击"格式"按钮。

步骤 04 在"设置单元格格式"对话框中,将"字形"设为"加粗倾斜"、字体"颜色"设为红色。

步骤 05 切换到"填充"选项卡,单击"填充效果"按钮。

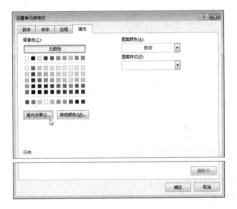

步骤 06 在"填充效果"对话框中,设置渐变颜色后,单击"确定"按钮。

步骤07 返回到上一层对话框。依次单击"确定"按钮，返回到"新建格式规则"对话框。单击"确定"按钮，关闭对话框。

步骤08 此时，在被选的单元格区域中已突显了金额在前3项的数值。

	A	B
1	日期	(全部)
3	行标签	求和项:金额
4	办公用品费	¥3,584
5	材料采购费	¥1,901
6	财务费	¥1,513
7	房租费	¥2,595
8	福利费	¥1,426
9	会务费	¥4,115
10	通讯费	¥2,319
11	业务招待费	¥1,637
12	总计	¥19,090

❷ 编辑条件规则

用户可以对新建的条件规则进行修改。在"条件格式"下拉列表中，选择"管理规则"命令，即可打开"条件格式规则管理器"对话框，单击"编辑规则"按钮。

在打开的"编辑格式规则"对话框中，根据需要对其格式参数进行修改即可。修改方式与新建条件格式规则的操作方法类似，在此将不再介绍。

编辑完成后，单击"确定"按钮返回上一层对话框。单击"应用于"折叠按钮，在数据透视表中选择所需单元格区域，再次单击该按钮，返回对话框。单击"应用"按钮，完成条件格式的编辑操作。

❸ 删除条件格式规则

如果想删除多余的条件格式规则，可在"条件格式"下拉列表中选择"清除规则"选项，在子列表中根据需要选择清除规则的方式即可。

用户也可以在"条件格式规则管理器"对话框中，选中设置的规则选项，单击"删除规则"按钮同样可以删除条件格式规则。

动手练习｜制作"艺术设计概论"成绩统计表

本章向用户介绍了数据透视表的外观设置和数据显示方式的操作，其中包括数据透视表样式的设置、数据项条件规则的设置等。下面将以"艺术系基础课期中成绩"透视表为例，巩固本章所学的知识点。

步骤 01 打开"艺术系基础课期中成绩"工作表。单击该透视表任意单元格，在"设计"选项卡的"数据透视表样式"选项组中单击"其他"下拉按钮，右击"深灰色，数据透视表样式深色12"样式，在弹出的快捷菜单中选择"复制"命令。

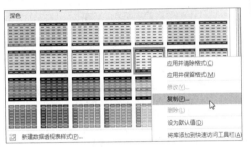

步骤 02 在"修改数据透视表样式"对话框的"表元素"列表框中，选择"标题行"选项，单击"格式"按钮。

步骤 03 在"设置单元格格式"对话框中单击"填充"选项卡，将"背景色"设为深绿色，单击"确定"按钮。

步骤 04 在"修改数据透视表样式"对话框的"表元素"列表框中，选择"总计行"选项，并单击"格式"按钮。

步骤 05 在"设置单元格格式"对话框的"填充"选项卡中，设置总计行背景色，这里同样选择深绿色。单击"确定"按钮，返回到上一层对话框，此时在"预览"区域中可查看设置效果。

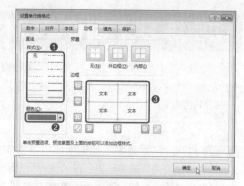

步骤 06 单击"确定"按钮,完成自定义样式的设置。再次在透视表样式列表中选择自定义样式选项,完成该数据透视表样式的设置操作。

步骤 09 单击"确定"按钮,完成数据透视表边框线的设置操作。

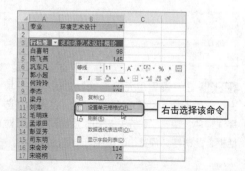

步骤 07 全选数据透视表单元格并右击,在打开的快捷菜单中选择"设置单元格格式"命令。

右击选择该命令

步骤 08 在"设置单元格格式"对话框的"边框"选项卡中,设置边框线的线型和颜色。

步骤 10 再次全选数据透视表,在"开始"选项卡的"对齐方式"选项组中,单击"居中"按钮,将数据居中对齐。

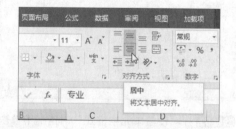

居中
将文本居中对齐。

步骤 11 选中B4:B26单元格区域,在"开始"选项卡的"样式"选项组中,单击"条件格式"下拉按钮,选择"新建格式规则"选项,打开相应的对话框。在"选择规则类型"列表框中,选择"基于各自值设置所有单元格的格式"选项。

步骤 12 单击"格式样式"下拉按钮,选择"数据条"选项,并设置条形图外观的颜色。

步骤 13 单击"确定"按钮,完成该透视表条件格式的设置操作。

	A	B	C
1	专业	环境艺术设计	
2			
3	行标签	求和项:艺术设计概论	
4	白喜明	98	
5	陈飞燕	145	
6	巩东凡	135	
7	郭小超	141	
8	何玲玲	130	
9	李杰	126	
10	梁丹	133	
11	刘萍	110	
12	毛明珠	87	
13	孟淑田	135	
14	彭亚芳	122	
15	司东明	82	
16	宋会玲	114	
17	宋晓桐	72	
18	万玉洁	100	
19	王菲菲	80	
20	魏广辉	96	
21	闫纪民	91	
22	杨新蒙	140	
23	张梦晓	106	
24	张亚文	129	
25	周林峰	109	
26	朱红亚	95	
27	总计	2576	

步骤 14 再次选中B4:B26单元格区域并右击,选择"数字格式"命令。

步骤 15 在"设置单元格格式"对话框的"分类"列表框中,选择"自定义"选项,并在右侧"类型"文本框中输入"[>90];[红色]'不合格'"代码格式。

步骤 16 输入完成后,单击"确定"按钮。此时数据透视表中所有小于90的数据项以红色"不合格"字样显示。

	A	B	C
1	专业	环境艺术设计	
2			
3	行标签	求和项:艺术设计概论	
4	白喜明	98	
5	陈飞燕	145	
6	巩东凡	135	
7	郭小超	141	
8	何玲玲	130	
9	李杰	126	
10	梁丹	133	
11	刘萍	110	
12	毛明珠	不合格	
13	孟淑田	135	
14	彭亚芳	122	
15	司东明	不合格	
16	宋会玲	114	
17	宋晓桐	不合格	
18	万玉洁	100	
19	王菲菲	不合格	
20	魏广辉	96	
21	闫纪民	91	
22	杨新蒙	140	
23	张梦晓	106	
24	张亚文	129	
25	周林峰	109	
26	朱红亚	95	
27	总计	2576	

高手进阶 | 创建影子数据透视表

所谓影子数据透视表，就是利用Excel软件中的"照相机"功能制作生成的数据透视表动态图片，该图片可根据数据透视表的变化而变化。在日常工作中，使用影子数据透视表可以防止他人查看或篡改数据源。下面将向用户介绍影子数据透视表的创建操作。

① 使用相机功能创建

使用相机功能时，需要先在功能区中添加"照相机"按钮，然后再使用相机功能进行创建。

步骤 01 打开"影子数据透视表"工作表。单击"文件"选项卡，在打开的"文件"菜单中选择"选项"命令，打开"Excel选项"对话框。

步骤 02 在该对话框左侧选择"快速访问工具栏"选项，在右侧的"从下列位置选择命令"下拉列表中选择"不在功能区中的命令"选项。

步骤 03 在命令列表框中选择"照相机"选项，然后单击"添加"按钮。此时"自定义快速访问工具栏"列表框中已显示"照相机"选项。

步骤 04 单击"确定"按钮关闭对话框，完成"照相机"按钮的添加操作。

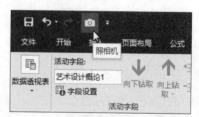

步骤 05 选中A3:E20单元格区域，单击快速访问工具栏中的"照相机"按钮。

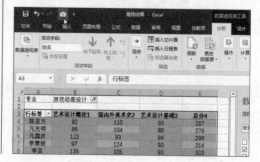

步骤 06 单击数据透视表右侧任意空白单元格，此时被选中的单元格区域会以图片的形式显示在空白区域中。

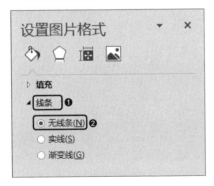

步骤 07 右击创建后的影子数据透视表，在快捷菜单中选择"设置图片格式"命令。

步骤 08 在"设置图片格式"窗格中，单击"填充与线条"图标按钮，将"线条"设为"无线条"，去除影子数据透视表边框线。

当数据透视表中的数据发生变化时，影子数据透视表也会随之发生相应的变化。例如，选中数据透视表A4:A19单元格区域，并单击"条件格式"下拉按钮，选择满意的色阶样式，此时影子数据透视表也同步添加了相应的条件格式。

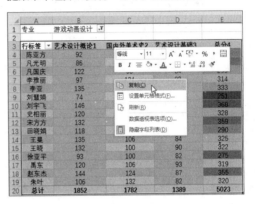

2 使用复制粘贴功能创建

除了使用"照相机"功能创建影子数据透视表外，用户还可以使用复制粘贴命令进行创建。

步骤 01 在数据透视表中选择A3:E20单元格区域。按Ctrl+C组合键，或者单击鼠标右键，在快捷菜单中选择"复制"命令，复制该表。

步骤 02 右击数据透视表空白区域的任意单元格，在快捷菜单中选择"选择性粘贴"子命令中的"链接的图片"选项，即可完成影子数据透视表的创建操作。

知识点 | 数据的准确性比数据的精美更重要

前段时间从朋友那听到一则故事，让我感触很深。故事梗概是这样的：朋友在一家银行做投资理财，他的工作性质就是给客户提出各种理财提案，并帮助他们实施。所以数据的准确性对于他们来说十分重要。为了让客户能够认可他的提案，他经常加班加点到深夜，制作出来的报告可堪称是精美的印刷品。有一次他在给客户送提案的路上，发现报告中有个小错误，而这个错误可以忽略不计，但他毫不犹豫，直接用笔在精美的报告上做了修改。就这样，他拿着修改的报告给客户看。意外的是那个提案竟然通过了，而且客户很满意！

听完他的讲述，我从心底佩服这位朋友。他对数据的准确性如此执着，无论多小的错误，他都毫不犹豫地修改过来。也许他的客户也被他这种执着给打动了。

真正漂亮的数据，不在于外表有多精美，而是在于其准确程度。

04

Chapter

对数据进行统计分析

在数据透视表中对数据进行排序和筛选是最基本的操作，通过对数据进行排序或筛选，可以很直观地查看想要的数据结果。本章将介绍如何在数据透视表中对值字段数据项进行排序或筛选操作，其中涉及到的知识点有：数据的排序、数据的筛选以及使用切片器和日程表功能筛选数据。

本章所涉及的知识要点：

◆ 对数据透视表进行排序   ◆ 对数据透视表进行筛选

◆ 使用切片器筛选数据   ◆ 使用日程表筛选数据

本章内容预览：

在数据透视表中自定义排序数据   使用切片器筛选数据

4.1 对数据进行排序

在数据透视表中对数据进行排序有很多种方法，例如自动排序、按照字段行与列进行排序、按笔画排序、多条件排序以及自定义排序。用户可以根据自己的需要选择一种方法进行操作。本小节将向用户介绍如何在数据透视表中进行数据排序的操作。

4.1.1 自动排序

在数据透视表中，要想让行字段的数据项按照从低到高或从高到低进行快速排序，可使用自动排序功能进行操作。下面以"数据透视表1"工作表为例，介绍自动排序的操作。

❶ 使用功能区中的排序功能排序

下面将对"求和项：销售金额"字段按照从低到高的顺序进行排序。

步骤01 打开"数据透视表1"工作表，单击"求和项：销售金额"字段下任意单元格。

	A	B	C	D
1	商品名称	沐浴露		
2				
3	行标签	求和项:销售单价	求和项:销售数量	求和项:销售金额
4	1月	¥36	820	¥29,110
5	2月	¥37	755	¥27,558
6	3月	¥43	670	¥28,475
7	4月	¥36	741	¥26,306
8	5月	¥37	745	¥27,193
9	6月	¥15	615	¥8,918
10	总计	¥201	4346	¥147,558

步骤02 在"开始"选项卡的"编辑"选项组中，单击"排序和筛选"下拉按钮，选择"升序"选项。

	告诉你想要做什么	共享
件格式▾	插入 ▾ Σ ▾	A↓Z▾
用表格格式▾	删	升序(S)
元格样式▾	格	降序(O)
	样式 单元	升序

步骤03 此时，被选中的数据项将自动完成升序排序。

	A	B	C	D
1	商品名称	沐浴露		
2				
3	行标签	求和项:销售单价	求和项:销售数量	求和项:销售金额
4	6月	¥15	615	¥8,918
5	4月	¥36	741	¥26,306
6	5月	¥37	745	¥27,193
7	2月	¥37	755	¥27,558
8	3月	¥43	670	¥28,475
9	1月	¥36	820	¥29,110
10	总计	¥201	4346	¥147,558

❷ 使用"数据透视表字段"窗格排序

下面将对"销售月份"字段按照从高到低的顺序进行排序。

步骤01 在"数据透视表字段"窗格中，单击"销售月份"右侧下拉按钮，在打开的下拉列表中选择"降序"选项。

步骤02 即可完成"销售月份"的降序排列。

	A	B	C	D
1	商品名称	沐浴露		
2				
3	行标签	求和项:销售单价	求和项:销售数量	求和项:销售金额
4	6月	¥15	615	¥8,918
5	5月	¥37	745	¥27,193
6	4月	¥36	741	¥26,306
7	3月	¥43	670	¥28,475
8	2月	¥37	755	¥27,558
9	1月	¥36	820	¥29,110
10	总计	¥201	4346	¥147,558

❸ 使用字段下拉列表排序

在数据透视表中，单击行标签右侧下拉按钮，在打开的下拉列表框中选择"降序"选项，同样可完成该行字段的排序操作。

操作提示

💡 **使用快捷菜单进行排序**

右击所需字段下任意单元格,在快捷菜单中选择"排序"命令,然后在其子菜单中选择升序或降序选项。

4.1.2 使用其他排序选项进行排序

本小节将向用户介绍为值字段数据项进行排序的操作方法。

1 对值字段中的行字段进行排序

下面将以"数据透视表2"工作表为例,介绍如何对"销售数量"字段的汇总项进行升序排序。

步骤01 打开"数据透视表2"工作表,单击"行标签"右侧下拉按钮,在下拉列表框中选择"其他排序选项"选项。

步骤02 在"排序(商品名称)"对话框中,单击"升序排序(A到Z)依据"单选按钮,然后单击下方下拉按钮,在打开的下拉列表中选择"求和项:销售数量"选项。

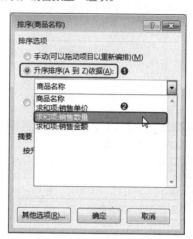

步骤03 单击"确定"按钮。此时数据透视表则按照"销售数量"字段的汇总项从低到高进行排序。

	A	B	C	D	E
4	行标签	求和项:销售单价	求和项:销售数量	求和项:销售金额	
5	⊟6月				
6	洁面乳	¥36	663	¥23,537	
7	沐浴露	¥15	615	¥8,918	
8	洗发水	¥38	543	¥20,363	
9	香皂	¥64	618	¥39,243	
10	6月 汇总	¥151	2439	¥92,060	
11	⊟4月				
12	洁面乳	¥58	670	¥38,525	
13	沐浴露	¥36	741	¥26,306	
14	洗发水	¥32	571	¥17,987	
15	香皂	¥15	681	¥10,215	
16	4月 汇总	¥140	2663	¥93,032	
17	⊟3月				
18	洁面乳	¥42	760	¥31,540	
19	沐浴露	¥43	670	¥28,475	
20	洗发水	¥41	650	¥26,325	
21	香皂	¥13	720	¥9,000	
22	3月 汇总	¥137	2800	¥95,340	
23	⊟5月				
24	洁面乳	¥54	765	¥40,928	
25	沐浴露	¥37	745	¥27,193	
26	洗发水	¥38	772	¥28,950	
27	香皂	¥14	592	¥7,992	
28	5月 汇总	¥141	2874	¥105,062	

2 对数值字段所在列进行排序

下面将以"数据透视表3"工作表为例,介绍如何对"销售金额"字段进行降序排序。

步骤01 单击"行标签"右侧下拉按钮,选择"其他排序选项"选项,打开相应的对话框。单击"降序排序(Z到A)依据"单选按钮,并单击其下方的下拉按钮,选择"求和项:销售金额"选项。

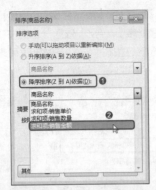

步骤 02 单击"其他选项"按钮，打开"其他排序选项（商品名称）"对话框。单击"所选列中的值"单选按钮后，单击下方选取按钮。

步骤 03 选择D4:D7单元格区域后，再次单击选取按钮返回对话框中。

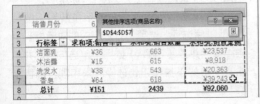

步骤 04 单击"确定"按钮，返回上一层对话框，再次单击"确定"按钮即可完成"销售金额"字段数据项的降序排序操作。

3 按字母进行排序

字母排序是将每个文本首个字母按照A-Z或Z-A的顺序排列。下面以"数据透视表4"工作表为例，介绍按照字母进行升序排序的操作方法。

步骤 01 打开"数据透视表4"工作表，可以看到该透视表是按照年龄大小进行降序排序的。

	A	B	C	D	E
1					
2					
3	行标签	求和项:年龄	求和项:实发工资	求和项:基本工资	求和项:奖金
4	陈真	49	¥4,300	¥3,000	¥1,300
5	张亮	47	¥2,800	¥2,000	¥800
6	赵欣瑜	46	¥4,500	¥3,200	¥1,300
7	范轩	45	¥5,800	¥3,200	¥2,600
8	宋可人	44	¥3,200	¥2,500	¥700
9	杨广平	43	¥4,700	¥3,000	¥1,700
10	卞泽西	38	¥3,300	¥2,200	¥1,100
11	郑佩雨	34	¥2,500	¥2,000	¥500
12	魏晨	34	¥4,000	¥3,000	¥1,000
13	郭长红	32	¥5,800	¥3,200	¥2,600
14	毛晶晶	31	¥3,000	¥2,300	¥700
15	赵磊	29	¥6,000	¥4,500	¥1,500
16	刘若曦	29	¥3,100	¥2,200	¥900
17	毛家壃	28	¥6,500	¥4,800	¥1,700
18	张霖	26	¥4,200	¥2,300	¥900
19	华龙	25	¥4,500	¥3,000	¥1,500
20	刘润轩	24	¥4,300	¥3,200	¥1,100
21	总计	604	¥71,500	¥49,600	¥21,900

步骤 02 单击"行标签"右侧下拉按钮，选择"其他排序选项"选项，打开"排序（姓名）"对话框，单击"升序排序（A到Z）依据"单选按钮，然后单击下方的下拉按钮，选择"姓名"选项。

步骤 03 单击"其他选项"按钮，打开"其他排序选项（姓名）"对话框，取消勾选"每次更新报表时自动排序"复选框，单击"字母排序"单选按钮。

步骤 04 单击"确定"按钮，返回到上一层对话框。再次单击"确定"按钮，即可完成排序操作。

行标签	求和项:年龄	求和项:实发工资	求和项:基本工资	求和项:奖金
卡泽西	38	¥3,300	¥2,200	¥1,100
陈真	49	¥4,300	¥3,000	¥1,300
范轩	45	¥5,800	¥3,200	¥2,600
郭长虹	32	¥5,800	¥3,200	¥2,600
华龙	25	¥4,500	¥3,000	¥1,500
刘润轩	24	¥4,300	¥3,200	¥1,100
刘若曦	29	¥3,100	¥2,200	¥900
毛家堡	28	¥6,500	¥4,800	¥1,700
毛晶晶	31	¥3,000	¥2,300	¥700
宋可人	44	¥3,200	¥2,500	¥700
魏晨	34	¥4,000	¥3,000	¥1,000
杨广平	43	¥4,700	¥3,000	¥1,700
张亮	47	¥2,800	¥2,000	¥800
张霜	26	¥3,200	¥2,300	¥900
赵磊	29	¥6,000	¥4,500	¥1,500
赵欣瑜	46	¥4,500	¥3,200	¥1,300
郑佩佩	34	¥2,500	¥2,000	¥500
总计	604	¥71,500	¥49,600	¥21,900

4 按笔划进行排序

　　笔划排序即按照笔划数的多少进行排序。默认情况下，笔划数少的排在前面，笔划数多的排在后面。

　　按笔划排序操作与按字母排序的方法相似。其区别是：在"其他排序选项"对话框中，前者

选择"笔划排序"单选按钮；而后者选择"字母排序"单选按钮。

　　笔划排序规则说明如下。

- 默认情况下，笔划数由少到多进行排序，按照姓氏笔划的多少，笔划数少的排列在前面，笔划数多的排列在后面；
- 笔划数相同的，按姓氏起次笔排序原则，即按横、竖、撇、捺、折的顺序排列；
- 同一姓氏的以姓名第二个字的笔划多少进行排序；
- 姓氏笔划数相同且次笔顺序一致的，按照姓氏的字形结构排序。先左右字形，再上下字形，最后整体字形。

4.1.3　多条件排序

　　在对数据透视表中多个字段按照要求进行排序时，可使用多条件排序功能。下面将以"数据透视表5"工作表为例，介绍如何对每月的汇总金额进行升序排序的同时，对每月商品销售数量进行降序排序的操作。

步骤 01 打开"数据透视表5"工作表，可以看出该透视表是按照月份从小到大进行排序的。

行标签	求和项:销售单价	求和项:销售数量	求和项:销售金额
⊟1月			
洁面乳	¥62	770	¥47,355
沐浴露	¥36	820	¥29,110
洗发水	¥44	720	¥31,320
香皂	¥15	764	¥11,460
1月 汇总	¥156	3074	¥119,245
⊟2月			
洁面乳	¥54	624	¥33,384
沐浴露	¥37	755	¥27,558
洗发水	¥43	651	¥27,668
香皂	¥14	851	¥11,489
2月 汇总	¥146	2881	¥100,098
⊟3月			
洁面乳	¥42	760	¥31,540
沐浴露	¥43	670	¥28,475
洗发水	¥41	650	¥26,325
香皂	¥15	720	¥9,000
3月 汇总	¥137	2800	¥95,340
⊟4月			
洁面乳	¥58	670	¥38,525
沐浴露	¥36	741	¥26,306
洗发水	¥32	571	¥17,987
香皂	¥15	681	¥10,215

步骤 02 右击A4单元格，在快捷菜单中选择"展开/折叠"命令，并在其子菜单中选择"折叠整个字段"选项，完成折叠字段的操作。

步骤 03 单击"行标签"右侧下拉按钮，选择"其他排序选项"选项，打开"排序（销售月份）"对话框。单击"升序排序（A到Z）依据"单选按钮，并单击下方的下拉按钮，选择"求和项：销售金额"选项。

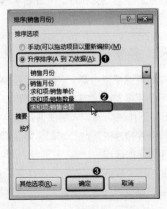

步骤 04 单击"确定"按钮，完成每月汇总金额的升序排序。

行标签	求和项:销售单价	求和项:销售数量	求和项:销售金额
⊞6月	¥151	2439	¥92,060
⊞4月	¥140	2663	¥93,032
⊞3月	¥137	2800	¥95,340
⊞2月	¥146	2881	¥100,098
⊞5月	¥141	2874	¥105,062
⊞1月	¥156	3074	¥119,245
总计	¥870	16731	¥604,836

步骤 05 展开整个字段，单击"求和项：销售数量"字段下任意单元格，这里单击C5单元格。

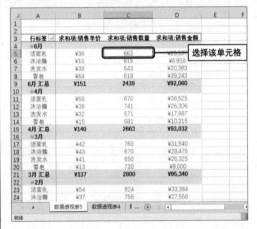

步骤 06 右击C5单元格，在快捷菜单中选择"排序"命令，并在其子菜单中选择"降序"选项。

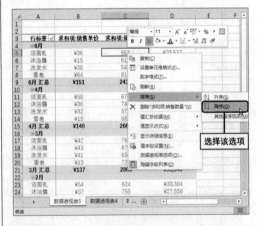

步骤 07 此时可以看到，每月汇总金额按升序排序的同时，每月商品的销售数量则以降序进行排序。

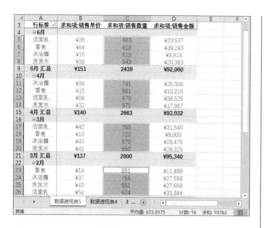

4.1.4 自定义排序

当Excel数据透视表中预设的排序功能不能满足用户的需求时，可以进行自定义排序操作。

❶ 手动排序

手动排序使用起来比自动排序更加灵活。在数据透视表中，将光标放置在要排序的数据项边框线上，当光标呈十字箭头图标时，按住鼠标左键不放，拖动光标至合适的单元行后放开鼠标，即可完成手动排序操作。

	A	B	C	D	E
2	部门	(全部) ▼			
3					
4	学历 ▼	姓名 ▼	实发工资2	基本工资3	奖金4
5	⊟本科	郭长虹	¥5,800	¥3,200	¥2,600
6		毛晶晶	¥3,000	¥2,300	¥700
7		杨广平	¥4,700	¥3,000	¥1,700
8		赵磊	¥6,000	¥4,500	¥1,500
9		郑佩佩	¥2,500	¥2,000	¥500
10	⊟大专	卞泽西	¥3,300	¥2,200	¥1,100
11		陈真	¥4,300	¥3,000	¥1,300
12		华龙	¥4,500	¥3,000	¥1,500
13		刘润轩	B11:E11	¥3,200	¥1,100
14		毛家壂	¥6,500	¥4,800	¥1,700
15		宋可人	¥3,200	¥2,500	¥700
16		魏晨	¥4,000	¥3,000	¥1,000
17		张亮	¥2,800	¥2,000	¥800
18	⊟研究生	范轩	¥5,800	¥3,200	¥2,600
19		刘若曦	¥3,100	¥2,200	¥900
20		张露	¥3,200	¥2,300	¥900
21		赵欣瑜	¥4,500	¥3,200	¥1,300
22	总计		¥71,500	¥49,600	¥21,900

用户还可以使用右键快捷菜单的方法进行排序操作。选中需排序的数据项并右击，在快捷菜单中选择"移动"命令，并在其子菜单中选择要移动的位置，同样可以完成手动排序操作。

❷ 自定义排序

用户还可以通过新建排序序列项来对数据透视表进行排序操作。下面将以"数据透视表6"工作表为例，介绍将"学历"字段按照从低到高进行排序的操作。

步骤01 打开"数据透视表6"工作表，可以看到该表是按照"奖金4"字段进行降序排序的。

	A	B	C	D	E
2	部门	(全部) ▼			
3					
4	学历 ▼	姓名 ▼	实发工资2	基本工资3	奖金4
5	⊟本科	郭长虹	¥5,800	¥3,200	¥2,600
6		杨广平	¥4,700	¥3,000	¥1,700
7		赵磊	¥6,000	¥4,500	¥1,500
8		毛晶晶	¥3,000	¥2,300	¥700
9		郑佩佩	¥2,500	¥2,000	¥500
10	⊟大专	毛家壂	¥6,500	¥4,800	¥1,700
11		华龙	¥4,500	¥3,000	¥1,500
12		陈真	¥4,300	¥3,000	¥1,300
13		卞泽西	¥3,300	¥2,200	¥1,100
14		刘润轩	¥4,300	¥3,200	¥1,100
15		魏晨	¥4,000	¥3,000	¥1,000
16		张亮	¥2,800	¥2,000	¥800
17		宋可人	¥3,200	¥2,500	¥700
18	⊟研究生	范轩	¥5,800	¥3,200	¥2,600
19		赵欣瑜	¥4,500	¥3,200	¥1,300
20		张露	¥3,200	¥2,300	¥900
21		刘若曦	¥3,100	¥2,200	¥900
22	总计		¥71,500	¥49,600	¥21,900

步骤02 单击"文件"选项卡，在打开的文件菜单中选择"选项"选项。打开"Excel选项"对话框。选择"高级"选项，在"常规"选项组区域中单击"编辑自定义列表"按钮。

步骤 03 在"自定义序列"对话框的"输入序列"列表框中，输入序列项。每输入一个序列后，按回车键，另起一行继续输入序列。

步骤 06 在"其他排序选项（学历）"对话框中，取消勾选"每次更新报表时自动排序"复选框。单击"主关键字排序次序"下拉按钮，在下拉列表中选择刚输入的序列项。

输入序列项

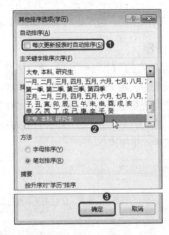

步骤 04 输入完成后单击"添加"按钮，即可将输入的序列项添加至"自定义序列"列表中，单击"确定"按钮完成自定义序列操作。

步骤 07 单击"确定"按钮，返回上一层对话框。再次单击"确定"按钮，即可完成自定义排序操作。

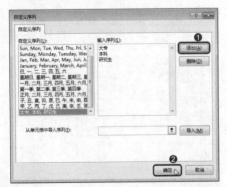

步骤 05 单击"学历"字段右侧下拉按钮，选择"其他排序选项"选项，打开"排序（学历）"对话框，单击"升序排序（A到Z）依据"单选钮后，单击"其他选项"按钮。

4.2 对数据进行筛选

对数据进行筛选的方法有很多，如自动筛选、自定义筛选和使用搜索文本框筛选等。本小节将向用户介绍在数据透视表中对所需的数据项进行筛选的操作方法。

4.2.1 自动筛选

在Excel数据透视表中预设了两种筛选类型，分别为"标签筛选"和"值筛选"。用户可根据实际情况来选择筛选的类型。

① 利用值筛选

下面将以"数据透视表7"工作表为例，介绍如何筛选出销售额小于25000的数据项。

（步骤 01）打开"数据透视表7"工作表，可以看到数据透视表显示了洗发水半年的销售金额。

（步骤 02）单击"行标签"右侧下拉按钮，在打开的下拉列表中选择"值筛选"选项，在其子列表中选择"小于"选项。

选择该选项

（步骤 03）然后在"值筛选（销售月份）"对话框中，设置筛选条件。单击"确定"按钮，完成筛选操作。

（步骤 04）此时，在当前数据透视表中将只显示销售金额低于25000的数据项。

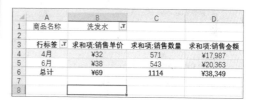

用户也可以在"数据透视表字段"窗格的"选择要添加到报表的字段"列表中，单击要筛选字段右侧的下拉按钮，在下拉列表中选择"值筛选"选项，同样可以打开值筛选对话框，并设置筛选条件。

② 利用字段标签筛选

如果需要对某字段的数据项进行筛选，可使用"标签筛选"功能。

（步骤 01）单击所需行字段右侧的下拉按钮，在快捷菜单中选择"标签筛选"命令，并在其子菜单中根据需要选项相关的筛选条件。

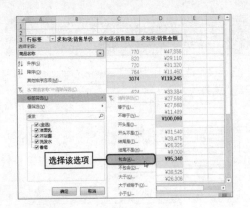

步骤 02 打开"标签筛选"对话框，输入筛选字段关键字。

步骤 03 单击"确定"按钮，即可完成字段的筛选操作。此时在数据透视表中，所有与关键字相关的字段都已筛选出来。

行标签	求和项:销售单价	求和项:销售数量	求和项:销售金额
⊟1月			
洗发水	¥44	720	¥31,320
1月 汇总	¥44	720	¥31,320
⊟2月			
洗发水	¥43	651	¥27,668
2月 汇总	¥43	651	¥27,668
⊟3月			
洗发水	¥41	650	¥26,325
3月 汇总	¥41	650	¥26,325
⊟4月			
洗发水	¥32	571	¥17,987
4月 汇总	¥32	571	¥17,987
⊟5月			
洗发水	¥38	772	¥28,950
5月 汇总	¥38	772	¥28,950
⊟6月			
洗发水	¥38	543	¥20,363
6月 汇总	¥38	543	¥20,363
总计	¥233	3907	¥152,612

用户可使用通配符配合进行筛选，其中"？"表示单个字符；"*"表示任意多个字符。当要筛选的关键字中带有通配符时，则需要在通配符前加"~"，以表示通配符作为普通字符对待。

③ 利用字段下拉列表筛选

如果想筛选出某一项或多项数据信息，可通过以下方法进行操作。

单击行字段右侧下拉按钮，在打开的下拉列表中取消勾选不需要显示字段的复选框，单击"确定"按钮，即可完成筛选操作。

用户也可以在筛选区域中筛选数据项。在筛选区域中单击要筛选的字段，在打开的筛选列表中，选择需要筛选的字段项，单击"确定"按钮即可。

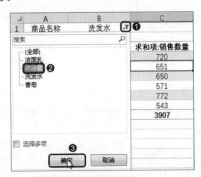

如果要选择多个筛选字段，可在筛选列表中，先勾选"选择多项"复选框，然后再勾选所需的筛选字段，最后单击"确定"按钮即可。

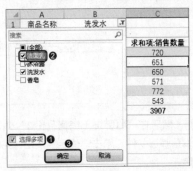

💡 清除数据透视表中的筛选
　　如果需要清除数据透视表中的筛选，只需单击所需字段下拉按钮，在打开的下拉列表中，选择"从'（字段）'中清除筛选"选项即可。用户还可单击数据透视表中任意单元格，在"数据"选项卡中单击"清除"按钮，同样可以清除筛选操作。

4.2.2　自定义自动筛选

　　如果系统预设的筛选条件满足不了需求，用户可进行自定义筛选操作。下面将以"数据透视表8"工作表为例，介绍如何筛选出8月4日电器销售额最高的一项。

步骤 01 打开"数据透视表8"工作表，从数据透视表中可以看出各电器每天的销售情况。

步骤 02 单击H4单元格，在"数据"选项卡的"排序和筛选"选项组中，单击"筛选"按钮。

步骤 03 此时，数据透视表的每个值字段都添加了下拉按钮。

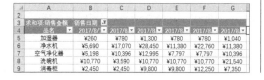

步骤 04 单击"2017/8/4"值字段右侧的下拉按钮，在打开的下拉列表中选择"数字筛选"选项，并在其子列表中选择"前10项"选项。

步骤 05 在"自动筛选前10个"对话框中，设置筛选条件。

步骤 06 单击"确定"按钮，即可筛选出当日销售额最高的一项电器产品。

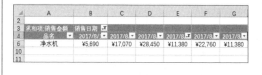

4.2.3　应用字段搜索文本框进行筛选

　　在数据透视表中，用户还可以使用搜索文本框来筛选数据项，下面介绍具体操作方法。

1 利用搜索文本框进行筛选

　　在数据透视表中单击行字段右侧的下拉按钮，在下拉列表的搜索文本框中输入字段关键字，单击"确定"按钮即可。

此时，与搜索关键字相关的数据项已被筛选出来。

	A	B	C	D	E
2	部门	(全部)			
3					
4	学历	姓名	实发工资2	基本工资3	奖金4
5	⊟大专	刘润轩	¥4,300	¥3,200	¥1,100
6	⊟研究生	刘若曦	¥3,100	¥2,200	¥900
7	总计		¥7,400	¥5,400	¥2,000
8					
9					

2 对字段进行多次筛选

下面将以"数据透视表9"工作表为例，介绍利用搜索文本框对"品名"字段进行多次筛选的操作方法。

步骤 01 打开"数据透视表9"工作表，单击"品名"字段右侧的下拉按钮，在下拉列表中的搜索文本框中输入"空"关键字。

	A	B	C	D	E
1	销售日期	(全部)			
3	电器卖场	品名	求和项:数量	求和项:单价	求和项:销售金额
	升序(S)		7	¥1,300	¥1,820
	降序(O)		7	¥28,450	¥28,450
	其他排序选项(M)...		9	¥12,995	¥20,792
			9	¥17,950	¥25,130
	从"品名"中清除筛选(C)		36	¥12,250	¥17,150
	标签筛选(L)		6	¥72,945	¥93,342
	值筛选(V)		6	¥1,300	¥1,560
	空 【输入】		5	¥28,450	¥39,830
	☑(选择所有搜索结果)		7	¥12,995	¥20,792
	□将当前所选内容添加到筛选器			¥14,360	¥21,540
	☑空气净化器		30	¥9,800	¥14,700
				¥66,905	¥98,422

步骤 02 单击"确定"按钮，此时已筛选出与"空"关键字相关的数据项。

	A	B	C	D	E
1	销售日期	(全部)			
3	电器卖场	品名	求和项:数量	求和项:单价	求和项:销售金额
4	⊟百利卖场	空气净化器	7	12995	20792
5	百利卖场 汇总		7	12995	20792
6	⊟鼓山百货	空气净化器	5	12995	20792
7	鼓山百货 汇总		5	12995	20792
8	⊟华悦卖场	空气净化器	6	12995	15594
9	华悦卖场 汇总		6	12995	15594
10	⊟佳乐家卖场	空气净化器	5	7797	10396
11	佳乐家卖场 汇总		5	7797	10396
12	⊟金地百货	空气净化器	9	15594	25990
13	金地百货 汇总		9	15594	25990
14	总计		32	62376	93564

步骤 03 将该报表设置为"不显示分类汇总"布局形式。

	A	B	C	D	E
1	销售日期	(全部)			
3	电器卖场	品名	求和项:数量	求和项:单价	求和项:销售金额
4	⊟百利卖场	空气净化器	7	¥12,995	¥20,792
5	⊟鼓山百货	空气净化器	5	¥12,995	¥20,792
6	⊟华悦卖场	空气净化器	6	¥12,995	¥15,594
7	⊟佳乐家卖场	空气净化器	5	¥7,797	¥10,396
8	⊟金地百货	空气净化器	9	¥15,594	¥25,990
9	总计		32	¥62,376	¥93,564

步骤 04 再次单击"品名"字段右侧的下拉按钮，在下拉列表的搜索文本框中输入"洗"关键字，然后勾选"将当前所选内容添加到筛选器"复选框。

步骤 05 单击"确定"按钮，完成筛选操作。此时数据透视表中增加了与"洗"关键字相关的数据项。

	A	B	C	D	E
1	销售日期	(全部)			
3	电器卖场	品名	求和项:数量	求和项:单价	求和项:销售金额
4	⊟百利卖场	空气净化器	7	¥12,995	¥20,792
5		洗碗机	9	¥17,950	¥25,130
6	⊟鼓山百货	空气净化器	5	¥12,995	¥20,792
7		洗碗机	7	¥14,360	¥21,540
8	⊟华悦卖场	空气净化器	6	¥12,995	¥15,594
9		洗碗机	10	¥21,540	¥28,720
10	⊟佳乐家卖场	空气净化器	5	¥7,797	¥10,396
11		洗碗机	6	¥14,360	¥21,540
12	⊟金地百货	空气净化器	9	¥15,594	¥25,990
13		洗碗机	6	¥14,360	¥17,950
14	总计		70	¥144,946	¥208,444

4.3 使用切片器筛选

Excel的切片器是一项很实用的筛选工具，在数据透视表中应用切片器对字段进行筛选，可以很直观地查看该字段所有数据项信息，方便用户从多维度分析数据，从而快速得到分析结果。本小节将介绍切片器的使用及设置操作。

4.3.1 插入并设置切片器

下面将对切片器的基本设置操作进行介绍，例如切片器的插入、切片器显示方式设置、切片器的隐藏以及删除的切片器等。

1 插入切片器

在数据透视表中，用户可以通过以下两种方式来实现切片器的插入操作。

（1）使用"分析"选项卡下的功能插入

单击数据透视表中任意单元格，在"分析"选项卡的"筛选"选项组中，单击"插入切片器"按钮，即可插入切片器。

下面以利用切片器筛选出"小米"手机的销量为例，来介绍插入切片器的具体操作方法。

步骤01 打开"数据透视表10"工作表，单击该报表中的任意单元格，在"分析"选项卡中单击"插入切片器"按钮。打开"插入切片器"对话框，勾选"手机品牌"复选框。

步骤02 单击"确定"按钮，打开"手机品牌"切片器浮动窗口。

步骤03 在切片器中选择"小米"字段，即可在数据透视表中迅速筛选出小米手机销量报表。

（2）使用"插入"选项卡下的功能插入

除了以上介绍的插入方法外，用户还可以使用"插入"选项卡中的"切片器"功能插入。在"插入"选项卡的"筛选器"选项组中，单击"切片器"按钮，同样可打开"插入切片器"对话框，并从中选择要筛选的字段。

2 更改切片器显示方式

插入切片器后，用户可以对切片器的大小、位置、字段项的大小及顺序进行调整。

（1）移动并更改切片器大小

选中切片器，当光标呈十字箭头图标时，按住鼠标左键拖动切片器至满意位置，放开鼠标即可移动切片器。

如果想更改切片器的大小，可将光标移至切片器四周控制点上，当光标呈双向箭头时，按住鼠标左键，拖动该控制点至满意位置，放开鼠标即可更改切片器的大小。

（2）更改切片器内字段项大小

切片器中字段项的大小是可根据需求进行设置的，具体操作如下。

步骤 01 右击切片器，在快捷菜单中选择"大小和属性"命令。

步骤 02 打开"格式切片器"窗格，单击"位置和布局"折叠按钮，根据需要设置好"按钮高度"和"按钮宽度"参数。

步骤 03 即可完成字段项大小的更改操作。

（3）在切片器中显示多列字段项

在"格式切片器"窗格中，单击"位置和布局"折叠按钮，在"列数"文本框中输入需显示的列数参数即可。

（4）为切片器字段排序

用户可以为切片器中的字段进行升序或降序排序，其方法如下。

步骤 01 右击切片器中任意字段项，在打开的快捷菜单中选择"升序"或"降序"命令。

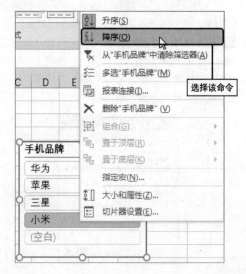

步骤 02 即可完成字段的排序操作。

3 隐藏切片器

如果切片器暂时不用，可将其隐藏，具体操作如下。

步骤 01 单击切片器中任意字段项，在"切片器—选项"选项卡的"排列"选项组中，单击"选择窗格"按钮。

步骤 02 在打开的"选择"窗格中单击"全部隐藏"按钮，即可隐藏切片器。

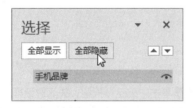

如果想在多个切片器中隐藏其中一个切片器，可在"选择"窗格中单击要隐藏切片器右侧的"眼睛" 🔍 图标按钮，当该图标处于"闭眼" — 状态时，则该切片器已被隐藏。

4 删除切片器

要想删除多余的切片器，用户可按Delete键快速删除，也可右击要删除的切片器，在快捷菜单中选择"删除'手机品牌'"命令，删除切片器。

4.3.2　设置切片器样式

切片器创建好后，用户可以根据需要对切片器的样式进行设置。例如设置切片器外观样式、设置切片器内字体格式以及修改切片器样式等。

1 自动套用切片器样式

选中所需切片器，在"切片器-选项"选项卡中，单击"切片器样式"下拉按钮，在打开的样式列表中选择所需样式选项。

此时，被选中的切片器已套用了选择的样式。

2 新建切片器样式

如果用户对套用的样式不满意，可自定义切片器样式。

步骤 01 打开"数据透视表11"工作表，选择切片器，在"切片器工具—选项"选项卡中，单击"切片器样式"下拉按钮，选择"新建切片器样式"选项。

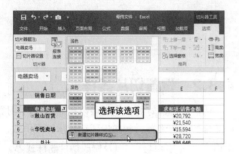

步骤 02 在"新建切片器样式"对话框的"切片器元素"列表框中选择"整个切片器"选项，单击"格式"按钮。

步骤 03 在"格式切片器元素"对话框中，单击"边框"选项卡，并设置好边框样式。

步骤 04 单击"填充"选项卡，设置切片器的底纹颜色。

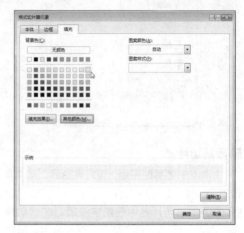

步骤 05 单击"确定"按钮，返回上一层对话框。按照同样的操作方法，对"切片器元素"列表中的"页眉"、"已选择带有数据的项目"和"已取消选择带有数据的项目"3个元素的格式进行设置。

步骤 06 单击"确定"按钮，关闭对话框。打开"切片器样式"下拉列表，选中自定义的样式。

步骤07 此时，被选中的切片器已套用自定义的样式了。

步骤08 在"切片器样式"下拉列表中，右击自定义的样式，在快捷菜单中选择"删除"命令，即可删除该样式。

3 设置切片器字体格式

如果要对切片器中的字体格式进行设置，可在"切片器样式"下拉列表中，右击所需样式选项，在快捷菜单中选择"修改"命令。在"修改切片器样式"对话框中，选择"整个切片器"元素选项，单击"格式"按钮。在"格式切片器元素"对话框中，单击"字体"选项卡，然后设置字体格式即可。

4.3.3 应用切片器进行筛选

插入切片器后，用户即可使用切片器对数据透视表中的数据项进行筛选了。

1 多字段筛选

使用切片器可以多个字段进行筛选。在切片器中，按住Ctrl键并选择多个要筛选的字段项即可。

用户也可以在切片器页眉区域中单击"多选"按钮，然后再选择多个字段项，完成多字段的筛选操作。

2 同步筛选两个数据透视表

使用切片器功能，可以对两个数据透视表同步筛选，具体的操作方法如下。

步骤01 打开"数据透视表12"工作表，可以看到两个数据透视表。单击第1个数据透视表任意单元格，单击"插入切片器"按钮，插入"品名"切片器。

步骤 02 选中切片器，在"切片器工具—选项"选项卡中，单击"报表连接"按钮。

步骤 03 在打开的"数据透视表连接（品名）"对话框，勾选需要连接的数据透视表复选框。

步骤 04 单击"确定"按钮关闭对话框，完成报表连接操作。选择切片器中所需的字段项，这里选择"空气净化器"字段项，此时两个数据透视表中的数据项会随着字段的变化而变化。

4.3.4 切片器的多级联动

在对数据透视表中的多个字段进行分析时，可以使用切片器多级筛选功能进行操作。利用该功能可快速显示出筛选结果。

下面将以"数据透视表13"工作表为例，介绍如何快速筛选出"策划部—大专学历"的员工工资信息。

步骤 01 打开"数据透视表13"工作表，单击数据透视表中任意单元格。单击"插入切片器"按钮，打开"插入切片器"对话框，根据筛选条件，勾选"部门"和"学历"两个字段项。

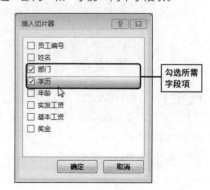

步骤 02 单击"确定"按钮，插入"学历"和"部门"切片器。在"部门"切片器中，选择"策划部"字段项；在"学历"切片器中，选择"大专"字段项，此时数据透视表已显示筛选结果。

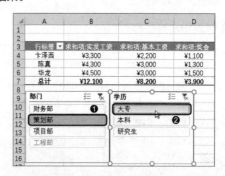

如果需要暂时断开"学历"切片器与数据透视表的连接，可在"分析"选项卡中，单击"筛选器连接"按钮，在"筛选器连接（数据透视表7）"对话框中，取消勾选"学历"字段，单击"确定"按钮，即可断开连接。

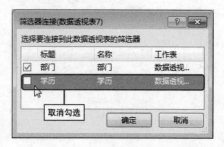

动手练习｜制作"申达快递计件统计"报表

本章向用户介绍了数据透视表的排序和筛选操作，其中包括数据透视表自动排序、自定义排序、自动筛选、使用切片器筛选数据等。下面将以"申达快递计件统计"数据透视表为例，来巩固本章所学的知识。

步骤 01 打开"申达快递计件统计"工作表，单击"行标签"右侧下拉按钮，在下拉列表中选择"其他排序选项"选项。

步骤 02 在"排序（姓名）"对话框中，单击"升序排序（A到Z）依据"单选按钮，并在其下拉列表中选择"求和项：配送数量"选项。

步骤 03 单击"确定"按钮，此时数据透视表将按照"总计"项从低到高进行排序。

	A	B	C	D	E	F
1						
2						
3	求和项:配送数量	列标签				
4	行标签	2017/11/11	2017/11/12	2017/11/13	2017/11/14	总计
5	张蕴阁	1084	896	1215	509	3704
6	卢谦靖	1594	875	966	908	4343
7	何丞影	1650	1214	1384	835	5083
8	郎若云	980	832	1015	2541	5368
9	危潇乔	1144	1834	1859	912	5749
10	梁尔阳	914	1351	2204	2456	6925
11	钱凝琪	2560	1560	1634	1200	6954
12	苏丽	1786	1359	2414	1665	7224
13	吴音同	1253	2640	2410	2133	8436
14	潘琦靖	2690	2669	2747	2700	10806
15	总计	15655	15230	17848	15859	64592

步骤 04 单击"设计"选项卡的"总计"下拉按钮，选择"仅对行启用"命令，隐藏总计行。

	A	B	C	D	E	F
1						
2						
3	求和项:配送数量	列标签				
4	行标签	2017/11/11	2017/11/12	2017/11/13	2017/11/14	总计
5	张蕴阁	1084	896	1215	509	3704
6	卢谦靖	1594	875	966	908	4343
7	何丞影	1650	1214	1384	835	5083
8	郎若云	980	832	1015	2541	5368
9	危潇乔	1144	1834	1859	912	5749
10	梁尔阳	914	1351	2204	2456	6925
11	钱凝琪	2560	1560	1634	1200	6954
12	苏丽	1786	1359	2414	1665	7224
13	吴音同	1253	2640	2410	2133	8436
14	潘琦靖	2690	2669	2747	2700	10806
15						

步骤 05 单击G4单元格，在"数据"选项卡中，单击"筛选"按钮，为数据透视表日期字段添加下拉按钮。

选择单元格

步骤 06 单击D4单元格右侧下拉按钮，在下拉列表中选择"数字筛选"选项，并在其子列表中选择"前10项"选项。

选择该选项

步骤 07 在"自动筛选前10个"对话框中，设置
筛选条件。

步骤 08 单击"确定"按钮，完成筛选操作。此
时数据透视表已显示出筛选结果。

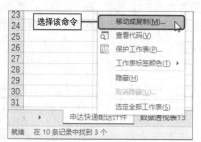

步骤 09 右击"申达快递配送计件"工作表标
签，在快捷菜单中选择"移动或复制"命令。

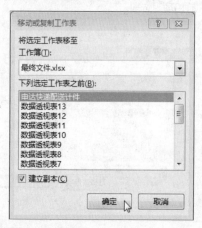

步骤 10 在"移动或复制工作表"对话框中，勾
选"建立副本"复选框，单击"确定"按钮，完
成工作表的复制操作。将复制后的工作表标签重
命名为"申达快递配送计件（筛选）"。

步骤 11 单击D4单元格右侧筛选按钮，在下拉列
表中选择"从'2017/11/13'中清除筛选"选
项，清除上一步的筛选操作。

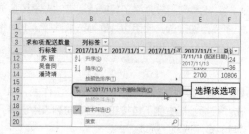

步骤 12 在"分析"选项卡中单击"插入切片
器"按钮，在打开的"插入切片器"对话框中，
勾选"配送区域"和"配送日期"复选框，单击
"确定"按钮。

步骤 13 在"配送区域"切片器中选择"龙湖
区"和"泉雨区"字段项；在"配送日期"切片
器中，选择"2017/11/11"字段项，完成多字段
筛选操作。再次单击G4单元格，在"数据"选
项卡中单击"筛选"按钮，取消日期字段的下拉
按钮显示。

高手进阶 | 利用日程表分析产品销售报表

日程表功能与切片器相似，都可以快速准确地筛选出所需的数据项。两者的区别是：日程表只能对数据统计表中的日期字段进行筛选；而切片器筛选范围比较广，可对数据透视表中的所有字段进行筛选。

❶ 插入日程表

与切片器相同，在使用日程表功能筛选之前，先要插入日程表。

步骤 01 打开"年度电子产品销售统计表"工作表，单击"分析"选项卡，在"筛选"选项组中单击"插入日程表"按钮。

步骤 02 打开"插入日程表"对话框，勾选"销售日期"复选框。

步骤 03 单击"确定"按钮，即可插入日程表窗口。

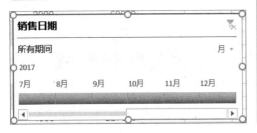

步骤 04 在日程表中单击"1月"按钮，即可查看1月份的数据。

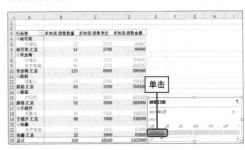

❷ 使用日程表筛选数据

插入日程表后，即可对数据透视表进行日期字段的筛选。

步骤 01 在插入的日程表中，单击右侧"月"下拉按钮，在打开的下拉列表中选择"季度"选项。

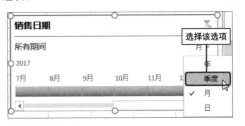

步骤 02 此时，日程表中会按季度分类来显示时间段。

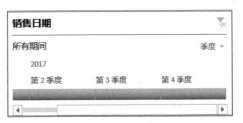

步骤 03 在此单击"第2季度"时间按钮，即可筛选出第2季度所有数据。

步骤 04 选中数据透视表任意单元格，单击"插入切片器"按钮，插入"销售日期"切片器。

插入切片器

步骤 05 单击数据透视表任意单元格，在"分析"选项卡中单击"选项"按钮，打开"数据透视表选项"对话框。切换到"汇总和筛选"选项卡，勾选"每个字段允许多个筛选"复选框。

步骤 06 单击"确定"按钮，将日程表设置成按"月"显示，然后单击"3月"时间按钮。

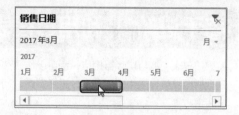

步骤 07 然后在"销售日期"切片器中单击"2017/3/10"日期字段项。此时数据透视表中已显示筛选结果。

3 美化日程表

用户可以根据喜好对日程表的布局和样式进行设置，操作如下。

步骤 01 选中"销售日期"日程表，在"日程表-选项"选项卡的"显示"选项组中，取消勾选"标题"复选框。

步骤 02 此时日程表中的标题已被隐藏。

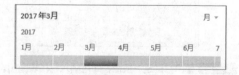

步骤 03 在"大小"选项组中，设置"高度"和"宽度"参数，可设置日程表大小。

步骤 04 在"日程表样式"选项组中，单击"其他"下拉按钮，在打开的样式下拉列表中选择满意的样式选项。

步骤 05 选择完成后，被选中的日程表已套用预设样式。

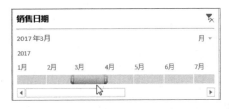

步骤 06 在样式列表中右击所需样式，在打开的快捷菜单中选择"复制"命令。

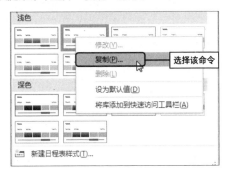

步骤 07 在"修改日程表样式"对话框的"日程表元素"列表框中，选择"整个日程表"选项，并单击"格式"按钮。

步骤 08 在打开的对话框中单击"填充"选项卡，设置日程表的背景色。

步骤 09 设置完成后，依次单击"确定"按钮，返回到"修改日程表样式"对话框。在"预览"区域查看设置效果，然后单击"确定"按钮。再次打开日程表样式下拉列表，单击"自定义"样式选项，即可套用设置的自定义样式。

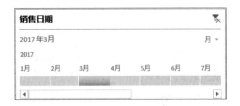

步骤 10 选中"销售日期"切片器，在"切片器工具-选项"选项卡的"切片器样式"下拉列表中，选中满意的切片器样式，即可完成切片器样式的设置操作。

操作提示

💡 **清除筛选结果并删除日程表**
　　如果需要将日程表删除，只需选中日程表并按 Delete 键即可。删除日程表后，筛选结果依然保持不变。如需清除筛选结果，需先在日程表中单击右上角的"清除筛选器"按钮，然后再删除日程表。

知识点 | 当表格遇到空格

记得刚入职时，领导让我整理销售报表，要求将销售员的姓名对齐，例如将两个字的姓名，中间加空格对齐三个字的姓名。这要求把我给蒙住了，十来份表格如果一个个加空格，那得加到什么时候啊！

我默默地敲着键盘，一晃就到午饭点了。趁着午饭时间，请教同事大李。大李说可以运用设置单元格对齐的方法进行操作，十来份表格估计几分钟就能全部搞定。听完后我傻眼了，要是这么简单，我竟然做了一上午都没搞定。饭后大李示范了一遍，我恍然大悟，以下为表格修改的前后对比效果。

⊿ A	B 商品名称	C 销售员	D 季度	E 数量	F 单价	G 销售金额
3	电磁炉	宋冉冉	2季度	90	299	26,910
4	电磁炉	宋冉冉	2季度	47	299	14,053
5	电磁炉	倪婷	2季度	66	299	19,734
6	电饭煲	倪婷	2季度	105	299	31,395
7	电饭煲	倪婷	2季度	28	299	8,372
8	榨汁机	赵毅可	2季度	15	299	4,485
9	榨汁机	宋冉冉	2季度	67	299	20,033
10	榨汁机	宋冉冉	2季度	61	369	22,509
11	榨汁机	宋冉冉	2季度	15	369	5,535
12	豆浆机	倪婷	2季度	41	369	15,129
13	豆浆机	倪婷	2季度	74	369	27,306
14	电饭煲	宋冉冉	2季度	27	130	3,510
15	电饭煲	宋冉冉	2季度	27	130	3,510
16	电饭煲	宋冉冉	2季度	27	130	3,510
17	电饭煲	宋冉冉	2季度	27	130	3,510
18	电磁炉	宋冉冉	2季度	27	130	3,510
19	电磁炉	赵毅可	2季度	96	899	86,304
20	煎烤机	赵毅可	2季度	31	899	27,869

话不多说，赶紧贴上具体的操作步骤。

步骤01 选中表格中需要修改的列，单击鼠标右键，选择"设置单元格格式"命令，在打开的对话框中单击"对齐"选项卡，选择"水平对齐"为"分散对齐（缩进）"选项。

步骤02 单击"确定"按钮关闭对话框，适当调整该列的列宽，搞定！

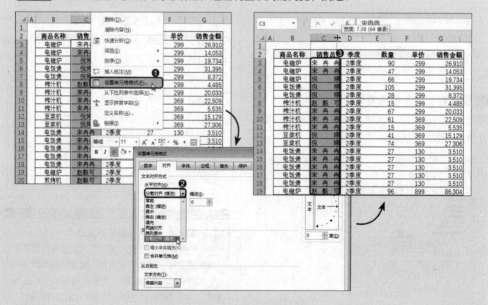

05 Chapter

087~100

使用项目分组对数据进行分类

利用分组功能可以将数据透视表中的一些数字、日期或文本等数据按照多种组合方式进行分组。这样可以大大增强数据透视表汇总的延续性，从而方便用户快速提取满足分析需求的子集。本章将向用户介绍数据透视表字段分组功能的操作。

本章所涉及的知识要点：

- ◆ 自动分组
- ◆ 手动分组
- ◆ 取消分组

本章内容预览：

	A	B	C
1	行标签	求和项:单价	求和项:数量
2	⊟2017/6/1 - 2017/6/7		
3	蛏子	54.98	393.69
4	大闸蟹	151.1	347.61
5	带鱼	5.4	36.57
6	黑鱼	84	236.47
7	花蛤	25.7	243.54
8	濑尿虾	96.7	232.11
9	牛蛙	137.5	264.52
10	小黄鱼	10.5	59.15
11	小龙虾	47.8	194.04
12	2017/6/1 - 2017/6/7 汇总	613.68	2007.7
13	⊟2017/6/8 - 2017/6/14		
14	蛏子	42.6	204.58
15	大闸蟹	139.5	306.8
16	带鱼	10.5	230.73
17	黑鱼	113.3	549.99
18	花蛤	17	134.41
19	鲫鱼	30.4	428.17
20	濑尿虾	117.2	241.11
21	牛蛙	174.5	329.34
22	文蛤	19.66	167.84

按周期进行自动分组

	A	B	C	D	E
3	商品种类	商品名称	求和项:销售单价	求和项:数量	求和项:金额
4	⊞投影仪		32470	133	¥389,780
5	⊞电视		71750	40	¥193,600
6	⊟电脑	ThinkPad E470 台式电脑	3640	2	¥7,280
7		神舟战神Z7-KP7D2 笔记本电脑	4230	2	¥8,460
8		华为MateBook D 电脑	5000	2	¥10,000
9		炫龙炎魔T1-718S1 笔记本电脑	4300	3	¥12,900
10		联想 小新潮7000-13台式电脑	4300	4	¥17,200
11		小米Air 笔记本电脑	3500	5	¥17,500
12		华硕 S4000UA台式电脑	4300	5	¥21,500
13		雷神911-S2e笔记本电脑	4310	5	¥21,550
14		惠普 OMEN15-AX200笔记本电脑	4300	6	¥25,800
15		惠普286 G2MT笔记本电脑	4500	6	¥27,000
16		戴尔XPS13 电脑	4100	7	¥28,700
17		华硕FL5900UQ7500 笔记本电脑	5160	6	¥30,960
18		三星300E5K-Y05 电脑	3250	10	¥32,500
19		三星900X3L 电脑	4100	8	¥32,800
20		苹果MacBook Air 笔记本电脑	6400	8	¥51,200
21		联想 小新Air 13 Pro电脑	5500	10	¥55,000
22		联想拯救者Y920 笔记本电脑	6200	15	¥93,000
23	总计		181310	277	¥1,076,730

按关键字手动分组

5.1 自动分组

当数据透视表中的字段组合是有规律的，可使用自动分组功能将其进行组合。用户可以按照日期、周期或等距步长进行分组，本小节将介绍自动分组的操作方法。

5.1.1 按日期级别自动分组

在数据透视表中，用户可按日、月、季度以及年度等多种时间类型进行分组。下面将以"数据透视表1"工作表为例，介绍如何按照"季度"字段对数据项进行自动分组。

步骤01 打开"数据透视表1"工作表，可以看到该报表是按月份显示数据项的。

3	销售日期	求和项:销售数量	求和项:销售单价	求和项:销售金额
4	1月3日	720	¥44	¥31,320
5	1月10日	820	¥36	¥29,110
6	1月15日	770	¥62	¥47,355
7	1月27日	764	¥15	¥11,460
8	2月7日	651	¥43	¥27,668
9	2月8日	755	¥37	¥27,558
10	2月16日	624	¥54	¥33,384
11	2月23日	851	¥14	¥11,489
12	3月12日	650	¥41	¥26,325
13	3月15日	670	¥43	¥28,475
14	3月26日	760	¥42	¥31,540
15	3月28日	720	¥13	¥9,000
16	4月5日	571	¥32	¥17,987
17	4月10日	741	¥36	¥26,306
18	4月13日	670	¥58	¥38,525
19	4月21日	681	¥15	¥10,215
20	5月2日	772	¥38	¥28,950
21	5月10日	745	¥37	¥27,193
22	5月11日	765	¥54	¥40,928
23	5月13日	592	¥14	¥7,992
24	6月4日	543	¥38	¥20,363
25	6月10日	663	¥36	¥23,537
26	6月13日	618	¥64	¥39,243

数据透视表1 | 数据源1 | Sheet ...

步骤02 单击"销售日期"字段下任意单元格，在"分析"选项卡的"组合"选项组中，单击"分组字段"按钮。

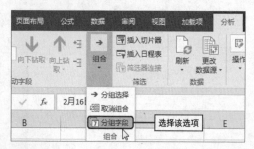

步骤03 在"组合"对话框的"步长"列表框中，选择"月"和"季度"选项。

步骤04 单击"确定"按钮关闭对话框，完成以"季度"字段进行分组的操作。

	A	B	C	D	E
1					
2					
3	季度	销售日期	求和项:销售数量	求和项:销售单价	求和项:销售金额
4	⊟第一季	1月	3074	¥156	¥119,245
5		2月	2881	¥146	¥100,098
6		3月	2800	¥137	¥95,340
7	⊟第二季	4月	2663	¥140	¥93,032
8		5月	2874	¥141	¥105,062
9		6月	2439	¥151	¥92,060
10	总计		16731	¥870	¥604,836
11					

操作提示

💡 **设置"步长"时注意事项**

在"组合"对话框的"步长"列表框中，被选中的步长值显示为蓝色高显状态，如果要取消选择，则需再次选择该步长值即可。

5.1.2 按周期自动分组

以上介绍的是按默认的年、月、日和季度字段进行分组。如果需要按照一个周期进行分组该怎样操作？下面将以"数据透视表2"工作表为例，介绍如何按照一周7天的时间进行分组。

步骤01 打开"数据透视表2"工作表，可以看到该数据透视表是以"日"进行分类汇总的。单击A4单元格。

行标签	求和项:数量	求和项:单价
⊟ 2017/6/1	232.56	¥96.60
大闸蟹	105.22	¥35.20
带鱼	36.57	¥5.40
	34	¥8.20
	43	¥47.80
⊟ 2017/6/2	350.21	¥60.27
蛏子	192.49	¥26.97
大闸蟹	63.14	¥23.70
花蛤	94.58	¥9.60
⊟ 2017/6/3	368.84	¥113.86
蛏子	113.02	¥13.76
大闸蟹	20.69	¥28.60
黑鱼	87.18	¥20.30
牛蛙	64.41	¥35.60
小龙虾	83.54	¥15.60
⊟ 2017/6/4	230.27	¥61.00
黑鱼	119.74	¥41.40
小黄鱼	20.05	¥5.30
小龙虾	90.48	¥14.30
⊟ 2017/6/5	294.2	¥89.40
大闸蟹	158.56	¥63.60
花蛤	115.62	¥7.90

选择该单元格

步骤 02 然后单击"分组字段"按钮,打开"组合"对话框。将"起始于"设为2017/6/1;将"终止于"设为2017/7/1。在"步长"列表框中取消"月"选项,同选择"日"选项,将"天数"设为7。

步骤 03 单击"确定"按钮,即可将这些数据项按一周7天进行分类汇总。

行标签	求和项:数量	求和项:单价
⊟ 2017/5/31 - 2017/6/6	1672.67	¥506.53
蛏子	305.51	¥40.73
大闸蟹	347.61	¥151.10
带鱼	36.57	¥5.40
黑鱼	236.47	¥84.00
花蛤	243.54	¥25.70
濑尿虾	134.59	¥72.10
牛蛙	115.19	¥69.20
小黄鱼	59.15	¥10.50
小龙虾	194.04	¥47.80
⊟ 2017/6/7 - 2017/6/13	2712.38	¥636.81
蛏子	292.76	¥56.85
大闸蟹	306.8	¥139.50
带鱼	230.73	¥10.50
黑鱼	228.22	¥40.10
花蛤	134.41	¥17.00
鲫鱼	428.17	¥30.40
濑尿虾	267.43	¥121.10
牛蛙	356.66	¥169.70
文蛤	167.84	¥19.66
小黄鱼	189.73	¥16.00
小龙虾	109.63	¥16.00
⊟ 2017/6/14 - 2017/6/20	2366.83	¥566.87

5.1.3 按等距步长自动分组

下面将以"数据透视表3"工作表为例,介绍对等距步长数据项进行分组的操作。

步骤 01 打开"数据透视表3"工作表,可以看到该数据透视表是按照0.5个工龄递增展示的。

工龄	求和项:设计部	求和项:销售部	求和项:财会部
0.5	4	8	3
1	5	10	6
1.5	6	6	4
2	2	3	2
2.5	3	4	1
3	1	2	1
3.5	1	1	1
4	1	1	1
总计	23	35	19

步骤 02 选择"工龄"字段下任意单元格,单击"分组字段"按钮,打开"组合"对话框。保持"起始于"和"终止于"参数的默认设置,然后将"步长"设为1.5。

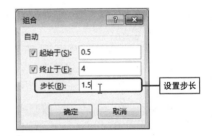

设置步长

步骤 03 单击"确定"按钮,即可完成工龄字段的分组操作。

工龄	求和项:设计部	求和项:销售部	求和项:财会部
0.5-2	15	24	13
2-3.5	6	9	4
3.5-5	2	2	2
总计	23	35	19

操作提示

日期数据的分组类型

对于日期型数据,数据透视表提供了多种分组的类型,例如秒、分、小时、日、月、季度和年。用户可以在"步长"列表框中选择一个或多个类型进行分组。如果需要设定分组的范围,可在"起始于"和"终止于"数值框中进行设置。

5.2 手动分组

　　手动分组操作相对于自动分组来说，其灵活性大大增强。使用手动分组操作可以按照需求，非常方便地对数据透视表中的字段进行分组。

5.2.1 对文本数据项进行手动分组

　　如果要对数据透视表中的一些文本字段进行分组，可以使用手动分组进行操作。下面将以"数据透视表4"工作表为例，介绍如何对选定的数据进行手动分组操作。

步骤 01 打开"数据透视表4"工作表，可以看到该数据透视表是按照商品型号显示的。

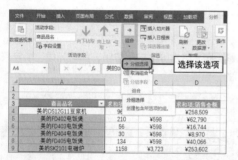

步骤 02 选中A4:A9单元格区域，在"分析"选项卡的"组合"选项组中单击"分组选择"按钮。

步骤 03 此时，在数据透视表右侧会显示"数据组1"字段。

操作提示

手动组合功能的适用范围

　　通常手动组合操作适用于文本型数据项以及组合分类项不多的情况。如果数据分组过多，手动组合比较麻烦，而且一旦有新增的数据项，还需要重新分组。

步骤 04 单击"数据组1"字段单元格，在"编辑栏"文本框中输入分类名称，这里输入"美的电器"。

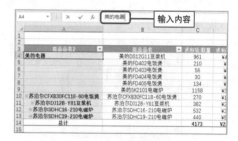

步骤 05 选中B10:B13单元格区域，单击"分组选择"按钮，创建"数据组2"字段。

步骤 06 将"数据组2"字段重命名为"苏泊尔电器"。

步骤07 在"设计"选项卡下单击"分类汇总"下拉按钮，选择"在组的底部显示分类汇总行"选项，为数据透视表添加分类汇总字段。然后将对"商品品名"和"商品品名2"字段标签重命名，适当调整数据透视表列宽。此时当前数据透视表的数据项就按照商品名称进行分类汇总显示了。

5.2.2 对不等距步长数据进行手动分组

在数据透视表中，用户可根据需要使用手动分组的方法，对不等距步长的数据进行分组。下面将以"数据透视表5"工作表为例，来介绍如何按照A、B、C三个字段，对绩效总分进行分组操作。

步骤01 打开"数据透视表5"工作表，可以看到当前数据透视表是按照"绩效总分"字段进行分类汇总的。

操作提示

对单一字段进行分组需注意
如果分组字段项只有一个字段，则只需修改其数据项的名称即可。如果对单一的数据项进行分组，系统会弹出错误提示。

步骤02 单击"绩效总分"右侧下拉按钮，在快捷菜单中选择"降序"命令将该字段中的数据项进行降序排序。

步骤03 选中A4:A7单元格区域，单击"分组选择"按钮，创建"数据组1"字段。

步骤04 将"数据组1"字段重命名为A。

步骤05 选中B8:B10单元格区域，单击"分组选择"按钮，创建"数据组2"字段。

步骤 06 将"数据组2"重命名为"B"。按照同样的操作，对B11:B12单元格区域进行分组，并将其命名为C。

步骤 07 在"数据透视表字段"窗格中，取消勾选"绩效总分"复选框，将其字段进行隐藏。

步骤 08 单击A3单元格，将"绩效总分"字段重命名为"绩效等级"。然后选择"在组的底部显示分类汇总行"选项，为数据透视表添加分类汇总。此时数据透视表将按照"绩效等级"进行汇总。

	A	B	C
1			
2			
3	绩效等级	部门	求和项:人数
4	⊟A	销售1部	3
5		销售2部	8
6		销售3部	2
7	A 汇总		13
8	⊟B	销售1部	1
9		销售2部	1
10		销售3部	2
11	B 汇总		4
12	⊟C	销售1部	3
13		销售3部	4
14	C 汇总		7
15	总计		24

5.2.3 按关键字手动分组

在数据透视表中，用户可使用筛选关键字功能对一些复杂的字段进行分组，以便快速查找

相关数据。下面将以"数据透视表6"工作表为例，来介绍如何只显示与"香皂"相关字段的所有数据项。

步骤 01 打开"数据透视表6"工作表，可以看到"商品名称"字段内容比较多，查看起来很不方便。

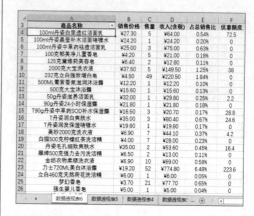

步骤 02 单击"商品名称"字段右侧下拉按钮，在下拉列表中选择"标签筛选"选项，并在其子列表中选择"结尾是"选项。

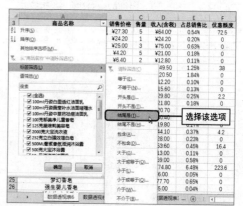

步骤 03 打开"标签筛选（商品名称）"对话框，在"显示的项目的标签"选项区域，将"结尾是"设为"洁面乳"。

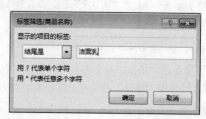

步骤 04 单击"确定"按钮。此时"商品名称"字段中结尾是"洁面乳"的字段已被筛选出来。

	A	B	C	D	E	F
3	商品名称	销售价格	售量	收入(含税)	占总销售比	优惠额度
4	100ml丹姿白里透红洁面乳	¥27.30	5	¥64.00	0.54%	72.5
5	100ml丹姿中草药祛痘洁面乳	¥25.00	3	¥75.00	0.63%	0
6	50g丹姿滋养洁面乳	¥32.00	1	¥29.80	0.25%	2.2
7	总计	¥84.30	9	¥168.80	1.42%	74.7
8						

步骤 05 选中筛选后的字段,单击"分组选择"按钮,创建"数据组1"字段。

	A	B	C	D	E	F
3	商品名称	销售价格	售量	收入(含税)	占总销售比	优惠额度
4	数据组1	¥84.30	9	¥168.80	1.42%	74.7
5	100ml丹姿白里透红洁面乳	¥27.30	5	¥64.00	0.54%	72.5
6	100ml丹姿中草药祛痘洁面乳	¥25.00	3	¥75.00	0.63%	0
7	50g丹姿滋养洁面乳	¥32.00	1	¥29.80	0.25%	2.2
8	总计	¥84.30	9	¥168.80	1.42%	74.7
9						

步骤 06 将"数据组1"字段重命名为"洁面乳",完成分组操作。

A4 | | fx 洁面乳

	A	B	C	D	E	F
3	商品名称	销售价格	售量	收入(含税)	占总销售比	优惠额度
4	洁面乳	¥84.30	9	¥168.80	1.42%	74.7
5	100ml丹姿白里透红洁面乳	¥27.30	5	¥64.00	0.54%	72.5
6	100ml丹姿中草药祛痘洁面乳	¥25.00	3	¥75.00	0.63%	0
7	50g丹姿滋养洁面乳	¥32.00	1	¥29.80	0.25%	2.2
8	总计	¥84.30	9	¥168.80	1.42%	74.7

步骤 07 单击"商品名称"字段右侧筛选按钮,在下拉列表中选择"从'商品名称'中清除筛选"选项。

选择该选项

步骤 08 再次单击"商品名称"字段右侧下拉按钮,在下拉列表的"搜索"文本框中输入"啫喱水"关键字。

输入

步骤 09 单击"确定"按钮,即可筛选出与"啫喱水"相关的字段项。

步骤 10 选中筛选出的字段,单击"分组选择"按钮,创建"数据组2"字段。

	A	B	C	D	E
3	商品名称	销售价格	售量	收入(含税)	占总销售比
4	100ml丹姿晶莹补水洁面啫喱水	¥24.20	1	¥24.20	0.20%
5	100ml丹姿晶莹啫喱水	¥24.20	1	¥24.20	0.20%
6	T丹姿润发保湿啫喱水	¥19.80	1	¥19.80	0.17%
7	T丹姿润发保湿啫喱水	¥19.80	1	¥19.80	0.17%
8	总计	¥44.00	2	¥44.00	0.37%

	A	B	C	D	E
3	商品名称	销售价格	售量	收入(含税)	占总销售比
4	数据组2	¥44.00	2	¥44.00	0.37%
5	100ml丹姿晶莹补水洁面啫喱水	¥24.20	1	¥24.20	0.20%
6	T丹姿润发保湿啫喱水	¥19.80	1	¥19.80	0.17%
7	总计	¥44.00	2	¥44.00	0.37%

步骤 11 将"数据组2"字段重命名为"啫喱水",完成分组操作。

A4 | | fx 啫喱水

	A	B	C	D	E
3	商品名称	销售价格	售量	收入(含税)	占总销售比
4	啫喱水	¥44.00	2	¥44.00	0.37%
5	100ml丹姿晶莹补水洁面啫喱水	¥24.20	1	¥24.20	0.20%
6	T丹姿润发保湿啫喱水	¥19.80	1	¥19.80	0.17%
7	总计	¥44.00	2	¥44.00	0.37%

步骤 12 按照以上同样的操作方法,完成当前数据透视表其他分组。将数据透视表以表格的形式显示,并取消分类汇总的显示。

	A	B	C	D	E
3	商品名称2	商品名称	销售价格	销量	收入(含税)
4	洁面乳	100ml丹姿白里透红洁面乳	¥27.30	5	¥64.00
5		100ml丹姿中草药祛痘洁面乳	¥25.00	3	¥75.00
6		50g丹姿滋养洁面乳	¥32.00	1	¥29.80
7	啫喱水	100ml丹姿晶莹补水洁面啫喱水	¥24.20	1	¥24.20
8		T丹姿润发保湿啫喱水	¥19.80	1	¥19.80
9	香皂	100克郁美净儿童香皂	¥4.20	5	¥21.00
10		125克藏雅香皂	¥6.40	2	¥12.80
11		232克立白强效增白香皂	¥4.50	49	¥220.50
12		梦幻影香皂	¥3.70	21	¥77.70
13		强生婴儿皂各	¥5.00	1	¥5.00
14		新上海硫磺香皂	¥2.00	8	¥16.00
15	洗衣液	2000孔洗衣液	¥37.50	5	¥149.50
16		奥妙2000克洗衣液	¥6.90	7	¥44.10
17		金纺衣物柔顺洗衣液	¥6.90	10	¥69.00
18	沐浴露	500ML薰皂液滋润沐浴露	¥12.20	1	¥12.20
19		500克大宝沐浴露	¥15.60	1	¥15.60
20		力士720ML美白沐浴露	¥19.20	52	¥774.80
21	保湿水	90g丹姿24小时保湿霜	¥21.80	1	¥21.80
22		T90g丹姿中草药SOD补水保湿露	¥16.50	3	¥20.70
23	爽肤水	T丹姿爽肤水	¥35.00	3	¥80.40
24		丹姿毛孔细致爽肤水	¥35.00	2	¥53.60
25	洗洁精	白猫500克柠檬红茶洗洁精	¥5.40	7	¥28.00
26		雕牌500克强力去污洗洁精	¥6.50	2	¥13.00

数据透视表6 数据透视表5

步骤 13 将"商品名称2"字段名称更改为"商品种类",并在该字段下折叠除"香皂"字段项的所有字段。

	A	B	C	D	E
3	商品种类	商品名称	销售价格	销量	收入(含税)	占总销售比
4	洁面乳		¥84.30	9	¥168.80	1.42%
5	啫喱水		¥44.00	2	¥44.00	0.37%
6	香皂	100克郁美净儿童香皂	¥4.20	5	¥21.00	0.18%
7		125克藏雅香皂	¥6.40	2	¥12.80	0.11%
8		232克立白强效增白香皂	¥4.50	49	¥220.50	1.84%
9		梦幻影香皂	¥3.70	21	¥77.70	0.65%
10		强生婴儿香皂	¥5.00	1	¥5.00	0.04%
11		新上海硫磺香皂	¥2.00	8	¥16.00	0.13%
12	洗衣液		¥51.30	22	¥262.60	2.20%
13	沐浴露		¥47.00	54	¥802.60	6.71%
14	保湿水		¥38.30	4	¥42.50	0.35%
15	爽肤水		¥70.00	5	¥134.00	1.12%
16	洗洁精		¥11.90	10	¥47.00	0.39%
17	总计		¥377.20	192	¥1,854.50	15.51%

5.3 取消分组

创建分组后，如果需要取消分组，可以根据分组类型来选择取消分组的方法。下面将对取消自动分组和取消手动分组的方法进行介绍。

5.3.1 取消自动分组

要取消自动分组，可通过以下两种方法进行操作。

❶ 使用功能区命令操作

在数据透视表中，单击组合字段的任意一个字段项（例如A4单元格），在"分析"选项卡的"组合"选项组中单击"取消组合"命令。

即可取消该字段的分组操作。

	A	B	C	D
1				
2				
3	销售日期	求和项:销售数量	求和项:销售单价	求和项:销售金额
4	1月3日	720	¥44	¥31,320
5	1月10日	820	¥36	¥29,110
6	1月15日	770	¥62	¥47,355
7	1月27日	764	¥15	¥11,460
8	2月7日	651	¥43	¥27,668
9	2月9日	755	¥37	¥27,558
10	2月16日	624	¥54	¥33,384
11	2月23日	851	¥14	¥11,489
12	3月12日	650	¥41	¥26,325
13	3月15日	670	¥43	¥28,475
14	3月26日	760	¥42	¥31,540
15	3月28日	720	¥13	¥9,000

操作提示

💡 **局部取消组合需注意**
只有对手动组合的数据项才可以进行局部取消组合操作。自动组合的数据项是无法进行局部取消操作的。

❷ 使用快捷命令操作

右击组合字段的任意字段项或组合字段后一列字段标题（例如B3单元格），在打开的快捷菜单中选择"取消组合"命令，同样可以取消自动分组操作。

5.3.2 取消手动组合项目

取消手动组合可分为两种类型，分别为全局取消组合和局部取消组合。

❶ 全局取消组合

如果取消数据透视表中所有组合项，可右击组合字段标题，在快捷菜单中选择"取消组合"命令，即可取消所有组合项。

取消手动组合与取消自动组合操作区别在于，前者只能选中组合字段标题才可全局取消组合，而后者选择范围比较广，可选择组合字段标题，也可以选择组合字段的任意项。

❷ 局部取消组合

如果只想取消数据透视表中某一项组合，可右击该组合字段标题，在快捷菜单中选择"取消组合"命令即可。

	A	B	C
2			
3	绩效总分2	部门	求和项:人数
4	360	销售2部	6
5	350		3
6	330		2
7	310	销售2部	2
8	B	销售1部	1
9		销售2部	2
10		销售3部	2
11	C	销售1部	3
12		销售3部	4
13	总计		24

5.4 解决不能自动分组的问题

在对一些日期型数据进行自动分组时，经常会遇到选定的区域不能分组的问题。这类问题通常是由日期格式不正确造成的，用户只需修改正确的日期格式即可解决。本小节将对几种导致不能自动分组的问题分别进行介绍。

1 组合数据项中有空白

当组合数据项中存在空白项，需要将这些空白项进行删除。用户可使用"替换"功能，将数据透视表中的空白项替换为0值。

2 日期型数据与文本型数据并存

在数据透视表的分组字段中，如果存在日期型或数值型数据与文本型的日期或数值共存的现象，也是导致不能自动分组的原因。用户可先用TYPE函数对要分组的数据项进行测试，查找文本型数据，然后再将其更改成日期型数据即可。下面将以"数据透视表7"工作表为例，来介绍具体的操作方法。

步骤01 打开"数据透视表7"工作表，选择"日期"字段下任意单元格，单击"分组选择"按钮，此时系统会打开"选定区域不能分组"的提示。

步骤02 切换到"数据源7"工作表，选择F2单元格，在"公式"选项卡中单击"插入函数"按钮，打开"插入函数"对话框。在"或选择类别"下拉列表中选择"信息"函数选项。

步骤03 在"选择函数"列表框中选择TYPE函数选项，单击"确定"按钮。

步骤04 在"函数参数"对话框中，单击Value文本框右侧选取按钮，在"数据源7"工作表中，框选A2:A142单元格区域后，再次单击选取按钮，返回对话框并单击"确定"按钮。

步骤05 此时在F列中显示了测试结果，其中1表示数值型数据；2表示文本型数据。

	A	B	C	D	E	F
1	日期	品名	数量	单价	供应商	
2	2017年6月1日	大闸蟹	105.22	35.20	东苑批发市场	1
3	2017年6月1日	花蛤	33.34	8.20	上房海鲜城	1
4	2017年6月1日	带鱼	36.57	5.40	东苑批发市场	1
5	2017年6月1日	濑尿虾	21.39	25.30	连港水产	1
6	2017年6月1日	濑尿虾	36.04	22.50	南港渔村	1
7	2017年6月2日	大闸蟹	63.14	23.70	连港水产	1
8	2017年6月2日	花蛤	94.58	9.60	连港水产	1
9	2017年6月2日	蛏子	97.07	13.53	连港水产	1
10	2017年6月3日	蛏子	95.42	13.44	七星农贸市场	1
11	2017年6月3日	大闸蟹	20.69	28.60	上房海鲜城	1
12	2017年6月3日	小龙虾	83.54	15.60	东苑批发市场	1
13	2017年6月3日	蛏子	113.02	13.76	上房海鲜城	1
14	2017年6月3日	牛蛙	64.41	35.60	东苑批发市场	1
15	2017年6月3日	黑鱼	87.18	20.30	上房海鲜城	1
16	2017年6月4日	小龙虾	90.48	14.30	七星农贸市场	1
17	2017年6月4日	小黄鱼	20.05	5.30	东苑批发市场	1
18	2017年6月4日	黑鱼	52.32	19.80	上房海鲜城	1
19	2017年6月5日	牛蛙	67.42	21.60	连港水产	2
20	2017年6月5日	大闸蟹	117.31	39.10	七星农贸市场	2
21	2017年6月5日	小龙虾	41.25	24.50	上房海鲜城	2
22	2017年6月5日	小龙虾	20.02	17.90	七星农贸市场	2
23	2017年6月5日	花蛤	115.62	7.90	上房海鲜城	2
24	2017年6月6日	濑尿虾	77.16	24.30	南港渔村	1

文本型数据

步骤06 在该表格中选择A列，在"数据"选项卡的"数据工具"选项组中，单击"分列"按钮。

步骤 07 在"文本分列向导–第1步，共3步"对话框中，依次单击"下一步"按钮。

步骤 08 打开"文本分列向导–第3步，共3步"对话框。在"列数据格式"选项区域中单击"日期"单选按钮。

步骤 09 然后单击"完成"按钮，完成设置操作。此时表格中A列的所有文本型日期数据已批量更改为日期型数据了。与此同时，引用函数的单元列也随之发生了变化。

步骤 10 切换至"数据透视表7"工作表，删除该数据透视表。再次切换到"数据源7"工作表，在"插入"选项卡中单击"数据透视表"按钮，在打开的对话框中，设置好数据源区域及数据透视表的位置。

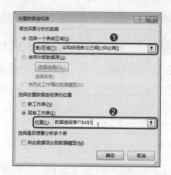

步骤 11 单击"确定"按钮，完成新数据透视表的创建操作。然后设置好要显示的字段项及透视表样式。

步骤 12 单击"分组选择"按钮，在打开的"组合"对话框中设置好步长值，即可完成分组操作。

3 应用整列引用的方式引用数据源

　　如果整列引用了数据源以外的大量空白区域，也会导致不能进行自动分组的结果。用户可以应用TNDIRECT函数，对数据透视表的数据源进行动态源引用。

动手练习 | 为电器销售分析报表分组

本章向用户介绍了数据透视表的分组操作，其中包括数据项的自动分组、手动分组以及取消分组等。下面将以"9月份电器销售分析"数据透视表为例，来对"电脑"字段的数据进行分组并升序排序操作。

步骤01 打开"9月份电器销售分析"工作表，单击"商品名称"字段右侧下拉按钮，选择"标签筛选"选项，并在其子列表中选择"结尾是"选项。

步骤02 在"标签筛选（商品名称）"对话框中，设置好筛选条件。

步骤03 单击"确定"按钮，即可筛选出数据透视表中所有与"投影仪"相关的数据项。

步骤04 选择A4:A14单元格区域，单击"分组选择"按钮，创建"数据组1"。

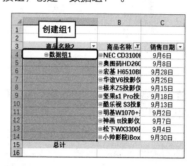

步骤05 将"数据组1"重命名为"投影仪"，并适当调整好其列宽。

步骤06 单击"商品名称"右侧筛选按钮，在下拉列表中选择"从'商品名称'中清除筛选"选项。

步骤07 按照以上的操作步骤，将数据透视表中其他商品按照"电视"、"电脑"字段进行分组。

步骤08 在"数据透视表字段"窗格中，取消勾选"销售日期"复选框。

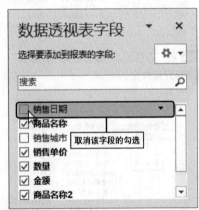

数据透视表字段

选择要添加到报表的字段：

搜索

- ☐ 销售日期 ← 取消该字段的勾选
- ☑ 商品名称
- ☐ 销售城市
- ☑ 销售单价
- ☑ 数量
- ☑ 金额
- ☑ 商品名称2

步骤09 单击A3单元格，将"商品名称2"字段重命名为"商品种类"。在该字段下方，单击"投影仪"和"电视"组左侧的折叠按钮，将其数据项隐藏。

步骤10 单击"商品名称"字段右侧下拉按钮，选择"其他排序选项"选项，打开相应的对话框。单击"升序排序"单选按钮，并在其下拉列表中选择"求和项：金额"选项。

步骤11 单击"其他选项"按钮，打开"其他排序选项（商品名称）"对话框。单击"所选列中的值"单选按钮，并框选E6:E22单元格区域。

选择排序区域

步骤12 依次单击"确定"按钮，完成"电脑"字段金额的升序排序操作。

高手进阶｜利用函数分类汇总年度考核表

下面将以"公司年度考核"工作表为例，来介绍如何使用函数进行"工龄"汇总以及"考核等级"汇总操作。

1 按工龄分类汇总

在对工龄进行汇总前，首先需要在数据源中，使用DATEDIF函数计算出员工的工龄值，然后才可创建数据透视表。

步骤01 打开"公司年度考核"工作表，选择K2单元格，在编辑栏中输入"=DATEDIF(H2, TODAY(),"Y")"公式。

步骤02 按回车键，即可在K2单元格中显示计算结果。使用拖曳填充手柄的方法，将该单元格公式复制到该列其他单元格中。

操作提示

💡 **工作表分类汇总与数据透视表分类汇总区别**
Excel工作表分类汇总操作是对一定分类标注排序后的数值，按照分类的标准进行合计汇总，并可实现多级汇总。而数据透视表的分类汇总，是对罗列的数据按照不同要求，多角度进行汇总计数统计运算的。数据透视表分类汇总可以对数据进行深入得分析，其功能比Excel工作表分类汇总更强大。

步骤03 在k1单元格中输入"工龄"并选中该列，设置好该列的单元格样式。

步骤04 单击表格任意单元格，创建数据透视表，并设置好数据透视表的样式。

设置透视表样式

步骤05 选中"工龄"字段下任意单元格，单击"分组选择"按钮，打开"组合"对话框，设置好其步长值。

步骤 06 单击"确定"按钮,完成工龄分组操作。

	A	B	C	D
2				
3	工龄 ▼	姓名 ▼	求和项:考核分	
4	⊟1-1.5	褚凤山	370	
5		贾玉利	227	
6		李景昌	287	
7		李峥杰	264	
8		刘柏林	270	
9		盛玉兆	230	
10		石乃千	255	
11		王甜甜	230	
12		王文天	264	
13	1-1.5 汇总		2397	
14	⊟2-2.5	布春光	290	
15		曹振华	260	
16		金宏源	264	
17		王春雷	278	
18		于清泉	251	
19		张志龙	295	
20	2-2.5 汇总		1638	
21	⊟3-3.5	林志民	300	
22		孙志丛	290	
23		索明礼	300	
24		张子华	321	
25	3-3.5 汇总		1211	

② 按考核等级分类汇总

下面将根据员工的考核分数,使用IF函数计算出考核等级,然后再进行数据透视表的创建操作。

步骤 01 打开"公司年度考核"工作表。选中L2单元格。在"编辑栏"中输入公式"=IF(J2>=350,"A",IF(J2>300,"B","C"))"。

`=IF(J2>=350,"A",IF(J2>300,"B","C"))`

H	I	J	K	L
入职时间	手机号	考核分	工龄	
2013/9/1	150554***63	320	4	=IF(J2>=3!
2014/9/6	151568***27	300	3	
2016/6/25	137854***75	230	1	
2015/7/1	130145***62	260	2	
2016/6/25	132459***54	370	1	
2010/7/2	185789***87	350	7	

步骤 02 按回车键,此时在L2单元格中已显示计算结果。

I	J	K	L
手机号	考核分	工龄	
150554***63	320	4	B
151568***27	300	3	
137854***75	230	1	
130145***62	260	2	得出结果
132459***54	370	1	
185789***87	350	7	
150459***25	290	4	
150124***98	315	4	
151123***54	312	4	

步骤 03 将该单元格中的公式复制到L3:L30单元格区域。

手机号	考核分	工龄	L	M
150554***63	320	4	B	
151568***27	300	3	C	
137854***75	230	1	C	
130145***62	260	2	C	
132459***54	370	1	A	
185789***87	350	7	A	
150459***25	290	2	C	
150124***98	315	4	B	复制公式
151123***54	312	4	B	
152126***91	270	4	C	
152554***65	264	1	C	
152158***51	255	1	C	
152164***78	366	7	A	
153124***79	312	4	B	
158784***23	287	1	C	
150554***63	264	1	C	
151568***27	251	2	C	
137854***75	300	3	C	
130145***62	290	3	C	
132469***54	278	2	C	
185779***87	295	2	C	
150459***25	227	1	C	

步骤 04 设置好L列的单元格样式。选择表格中的任意单元格,单击"数据透视表"按钮,创建"按员工考核等级分组"数据透视表。

步骤 05 在"数据透视表字段"窗格中,勾选"部门"、"考核分"和"考核等级"字段复选框,即可完成按考核等级分组操作。

	A	B	C
1			
2			
3	行标签 ▼	求和项:考核分	
4	⊟A		
5		财务部	370
6		客服部	366
7		人力资源部	350
8		销售部	366
9	A 汇总		1452
10	⊟B		
11		财务部	320
12		客服部	310
13		人力资源部	627
14		售后部	986
15		销售部	312
16	B 汇总		2555
17	⊟C		
18		财务部	790
19		客服部	494
20		人力资源部	560
21		售后部	227
22		销售部	2484
23	C 汇总		4555

按员工考核等级分组　按员工工...

步骤 06 然后为创建的数据透视表设置表样式与布局显示方式。

	A	B	C
1			
2			
3	考核等级 ▼	部门 ▼	求和项:考核分
4	⊟A	财务部	370
5		客服部	366
6		人力资源部	350
7		销售部	366
8	A 汇总		1452
9	⊟B	财务部	320
10		客服部	310
11		人力资源部	627
12		售后部	986
13		销售部	312
14	B 汇总		2555
15	⊟C	财务部	790
16		客服部	494
17		人力资源部	560
18		售后部	227
19		销售部	2484
20	C 汇总		4555
21	总计		8562

06
Chapter

在数据透视表中进行数据计算

众所周知Excel的数据计算功能十分强大，可满足用户对数据各种统计需求。而数据透视表中的计算功能不亚于Excel，可以说是有过之而无不及。在不改变数据源的前提下，数据透视表不仅可以使用多种汇总方式和值显示方式来计算值字段数据，还可以通过重新组合数据透视表现有的字段，形成新的计算字段和计算项，甚至可以使用数据透视表函数来对相关值字段进行计算操作。

本章所涉及的知识要点：

◆ 值汇总方式　　　　　　　　　◆ 值显示方式

◆ 在数据透视表中使用计算字段和计算项

本章内容预览：

设置值的显示方式

添加计算项

6.1 值汇总方式

Excel数据透视表为用户提供了11种值汇总方式。常用的值汇总方式有求和、计数、平均值、最大和最小值等，用户可以根据需要选择相应的汇总方式。

6.1.1 数据透视表值字段的汇总方式

在数据透视表中，用户可以根据需要对数据透视表值字段的汇总方式进行设置，下面介绍具体操作方法。

右击值字段任意单元格，在打开的快捷菜单中选择"值汇总依据"命令，然后在其子菜单中选择一种汇总方式即可。

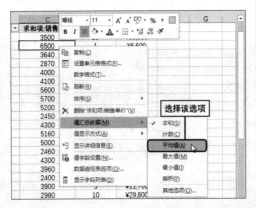

用户也可以双击值标签单元格，打开"值字段设置"对话框，在"选择用于汇总所选字段数据的计算类型"列表框中选择一种汇总方式，然后单击"确定"按钮即可。

下面将对值汇总方式进行简单说明。

- **求和：** 对数值进行求和。如果字段包含的项目全部是数值，则该字段的默认汇总方式是"求和"；
- **计数：** 对数据项的个数进行计数，该方式与COUNTA函数相同。如果字段中含有"空单元格"或者"非数值数据"，则该字段默认汇总方式为"计数"；
- **平均值：** 求一组数据的平均值；
- **最大值：** 求一组数据的最大值；
- **最小值：** 求一组数据的最小值；
- **乘积：** 求数值的乘积；
- **数值计数：** 对数值进行计数；
- **标准偏差：** 计算总体的标准偏差，样本为总体的子集；
- **总体标准偏差：** 计算总体的标准偏差，汇总的所有数据为总体；
- **方差：** 计算总体方差，样本为总体子集；
- **总体方差：** 计算总体方差，汇总的所有数据为总体。

下面将以计算值字段最小值为例，来介绍具体设置操作。

步骤01 打开"数据透视表1"工作表，可以看到当前值字段是以"求和"方式进行汇总的。

	A	B	C	D
2				
3	行标签	求和项:进货数	求和项:进价	
4	⊟儿童护眼灯	283	375	
5	家佳商贸	65	95	
6	九里商贸	47	105	
7	乐吉大卖场	96	85	
8	利津商贸	75	90	
9	⊟轨道式射灯	193	375	
10	家佳商贸	65	120	
11	乐吉大卖场	50	130	
12	利津商贸	78	125	
13	⊟镜前壁灯	200	515	
14	家佳商贸	32	130	
15	九里商贸	65	125	
16	乐吉大卖场	48	135	
17	利津商贸	55	125	
18	⊟落地灯	140	390	
19	家佳商贸	62	180	
20	乐吉大卖场	78	210	
21	⊟嵌入式灯盘	242	205	

步骤 02 右击"求和项：进价"字段下任意单元格。在快捷菜单中选择"值汇总依据"命令，并在其子菜单中选择"最小值"选项。

步骤 03 此时被选中的字段标签已更改为"最小值项：进价"字段。同时，在该字段下方所有数据汇总项都显示为最小值。

	A	B	C	D
2				
3	行标签	求和项:进货数	最小值项:进价	
4	⊟儿童护眼灯	283	85	
5	家佳商贸	65	95	
6	九里商贸	47	105	
7	乐吉大卖场	96	85	
8	利津商贸	75	90	
9	⊟轨道式射灯	193	120	
10	家佳商贸	65	120	
11	乐吉大卖场	50	130	
12	利津商贸	78	125	
13	⊟镜前壁灯	200	125	
14	家佳商贸	32	130	
15	九里商贸	65	125	
16	乐吉大卖场	48	135	
17	利津商贸	55	125	
18	⊟落地灯灯	140	180	
19	家佳商贸	62	180	
20	乐吉大卖场	78	210	
21	⊟嵌入式灯盘	242	60	
22	家佳商贸	95	60	
23	乐吉大卖场	85	70	
24	利津商贸	62	75	
25	⊟嵌入式天花灯	313	300	

6.1.2 对同一字段使用多种汇总方式

在数据透视表中，用户可以根据需要对同一个字段使用多种汇总方式。下面将以"数据透视表2"工作表为例，来介绍最大进货量和平均进货量的计算方法。

步骤 01 打开"数据透视表2"工作表，在"数据透视表字段"窗格中，将"进货数量"字段连续两次拖至"值"区域中。

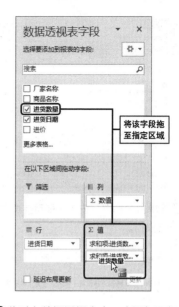

步骤 02 此时在数据透视表中，也添加了相应的字段项。

	A	B	C	D
1				
2				
3	进货日期	求和项:进货数量	求和项:进货数量2	求和项:进货数量3
4	2017/3/1	2280	2280	2280
5	2017/3/5	1880	1880	1880
6	2017/3/6	2090	2090	2090
7	2017/3/7	1950	1950	1950
8	2017/3/8	1890	1890	1890
9	总计	10090	10090	10090
10				

步骤 03 双击"求和项：进货数量2"字段标签，在"值字段设置"对话框的"值字段汇总方式"列表框中，选择"最大值"选项。

步骤 04 在"自定义名称"文本框中，输入值字段标签名称。

步骤 05 单击"确定"按钮，即可完成最大进货量的计算操作。

⊿	A	B	C	D
1				
2				
3	进货日期 ▼	求和项:进货数量	最大进货量	求和项:进货数量3
4	2017/3/1	2280	650	2280
5	2017/3/5	1880	800	1880
6	2017/3/6	2090	860	2090
7	2017/3/7	1950	700	1950
8	2017/3/8	1890	760	1890
9	总计	10090	860	10090
10				

步骤 06 双击"求和项：进货数量3"字段标签，打开"值字段设置"对话框，选择"平均值"汇总方式，然后更改字段标签名称。

步骤 07 单击"确定"按钮，即可完成平均进货量的计算操作。

⊿	A	B	C	D
1				
2				
3	进货日期	求和项:进货数量	最大进货量	平均进货量
4	2017/3/1	2280	650	570
5	2017/3/5	1880	800	626.6666667
6	2017/3/6	2090	860	696.6666667
7	2017/3/7	1950	700	650
8	2017/3/8	1890	760	630
9	总计	10090	860	630.625
10				

6.1.3 更改数据透视表默认汇总方式

数据源中存在空白单元格或文本型数值时，所创建的数据透视表中的汇总项默认为计数汇总方式。如果想要更改数据透视表的默认汇总方式，可按照以下方法进行操作。

步骤 01 打开"数据源3"工作表，选中C列，在"数据"选项卡中单击"分列"按钮，在"文本分列向导"对话框中，将格式统一设置为"常规"选项。

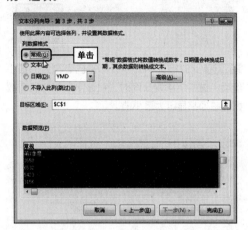

步骤 02 将数据源中的空格都填充为0。选中A1:F2单元格区域，单击"数据透视表"按钮，创建相关数据透视表内容。

步骤 03 单击创建的数据透视表的任意单元格，在"分析"选项卡中单击"更改数据源"按钮，在打开的对话框中，选取数据源中的所有数据，单击"确定"按钮完成设置操作。

6.2 值显示方式

数据透视表的数值显示方式一共有15种，用户可根据需要选择合适的显示方式。本小节将对数据透视表中常用的值显示方式及其设置操作进行介绍。

6.2.1 数据透视表值显示方式及其功能

设置数据透视表的值显示方式，可以统计出当前字段中的数据项占同行或同列数据总和的百分比。下面将对几种常用的值显示方式进行简单介绍。

❶ 总计百分比

使用"总计百分比"显示方式，其字段将以值占所有汇总的百分比的形式显示。计算公式为该项的值/行总计与列总计交叉单元格的值，下面将以统计商品销售金额百分比为例，来介绍具体操作。

步骤 01 打开"数据源4"工作表，选择任意单元格，单击"数据透视表"按钮，在以"数据透视表4"命名的工作表中创建数据透视表。

步骤 02 在"数据透视表字段"窗格中，将"商品名称"移至"行"区域，将"销售月份"移动至"列"区域，将"销售金额"移至"值"区域。

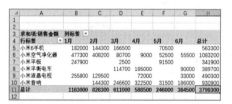

步骤 03 设置好数据透视表样式。右击A3单元格，在打开的快捷菜单中选择"值显示方式"命令，在其子菜单中选择"总计的百分比"选项。

步骤 04 此时，销售金额字段中的数据会以百分比形式显示。

	A	B	C	D	E	F	G	H
1								
2								
3	求和项:销售金额	列标签						
4	行标签	1月	2月	3月	4月	5月	6月	总计
5	小米6手机	4.79%	3.80%	4.38%	0.00%	1.86%	0.00%	14.83%
6	小米空气净化器	12.56%	10.74%	2.12%	0.24%	1.38%	1.46%	28.51%
7	小米平板	6.52%	0.00%	0.07%	0.00%	2.41%	0.00%	9.00%
8	小米平衡电车	0.00%	0.00%	3.02%	4.87%	0.00%	2.37%	10.26%
9	小米液晶电视	6.73%	3.41%	0.00%	1.90%	0.00%	0.87%	12.91%
10	小米音响	0.00%	3.80%	6.49%	8.49%	0.83%	4.90%	24.50%
11	总计	30.61%	21.75%	16.08%	15.49%	6.47%	9.59%	100.00%
12								

用户还可以在"值字段设置"对话框中进行设置。选中所需的值字段，在"分析"选项卡中单击"字段设置"按钮，打开"值字段设置"对话框。单击"值显示方式"选项卡，然后单击"值显示方式"下拉按钮，在打开的下拉列表中选择"总计的百分比"选项，单击"确定"按钮即可。

❷ 列汇总百分比

以列汇总的百分比形式显示时，其显示值占列汇总的百分比值。计算公式为该项的值/列总计的值。下面将以统计销售人员每月销售量的比率值为例，来介绍具体的操作方法。

步骤 01 同样打开"数据源4"工作表，单击"数据透视表"按钮，打开"创建数据透视表"对话框。单击"现有工作表"单选按钮，并设置好创建的工作表位置。

步骤02 单击"确定"按钮，完成数据透视表的创建操作。

12	求和项:销售数量	列标签						
13	行标签	1月	2月	3月	4月	5月	6月	总计
15	陈佳慧	43	131	95	92		60	421
16	胡艾	12		36				48
17	刘东	115			108	70		293
18	薛荣佳	52		28	53	24	15	172
19	余姚	86	63		47	47	124	367
20	张意	22	35					57
21	赵悦月			27		27	37	91
22	总计	330	229	186	300	168	236	1449

步骤03 创建数据透视表后，右击"求和项：销售数量"字段标签，在打开的快捷菜单中选择"值显示方式"命令，并在其子菜单中选择"列汇总的百分比"选项。

步骤04 选择后即可得出销售人员每月销售量占总销量的百分比。

❸ 行汇总百分比

使用"行汇总百分比"的方式，可以计算出组成每一行的各个数据占总计的比率值。计算式为该项的值/行总计的值。下面以统计每月销售金额占总金额的百分比为例，来介绍其具体操作。

步骤01 打开"数据源4"工作表，单击"数据透视表"按钮，在"数据透视表4"工作表中创建相应的数据透视表。

23								
24	求和项:销售金额	列标签						
25	行标签	1月	2月	3月	4月	5月	6月	总计
26	小米6手机	182000	144300	166500		70500		563300
27	小米空气净化器	477300	408200	80700	9000	52500	55500	1083200
28	小米平板	247900		2500		91500		341900
29	小米平衡电车			114700	185000		90000	389700
30	小米液晶电视	255800	129500		72000		33000	490300
31	小米音响		144300	246600	322500	31500	186000	930900
32	总计	1163000	826300	611000	588500	246000	364500	3799300

步骤02 设置数据透视表样式后，右击"求和项：销售金额"字段标签，在打开的快捷菜单中选择"值显示方式"命令，并在子菜单中选择"行汇总的百分比"选项。

步骤03 选择后即可得出商品每月销售金额占总金额的百分比值。

23								
24	求和项:销售金额	列标签						
25	行标签	1月	2月	3月	4月	5月	6月	总计
26	小米6手机	32.31%	25.62%	29.56%	0.00%	12.52%	0.00%	100.00%
27	小米空气净化器	44.06%	37.68%	7.45%	0.83%	4.85%	5.12%	100.00%
28	小米平板	72.51%	0.00%	0.73%	0.00%	26.76%	0.00%	100.00%
29	小米平衡电车	0.00%	0.00%	29.43%	47.47%	0.00%	23.09%	100.00%
30	小米液晶电视	52.17%	26.41%	0.00%	14.68%	0.00%	6.73%	100.00%
31	小米音响	0.00%	15.50%	26.49%	34.64%	3.38%	19.98%	100.00%
32	总计	30.61%	21.75%	16.08%	15.49%	6.47%	9.59%	100.00%

❹ 百分比

百分比方式是显示值为"基本字段"中"基本项"值的百分比，即需要一个参照基本项视为100%，其余项显示为基于该项的百分比。下面将以"东门水产市场"海鲜品进价为基本项，计算出其他水产市场海鲜进价的百分比。

步骤 01 打开"数据透视表5"工作表，选择任意值字段单元格，在"分析"选项卡中单击"字段设置"按钮，打开"值字段设置"对话框，选择"值显示方式"选项卡。

步骤 02 单击"值显示方式"下拉按钮，在下拉列表中选择"百分比"选项，在"基本字段"列表框中选择"供应商"选项，在"基本项"列表框中选择"东门水产市场"选项。

步骤 03 单击"确定"按钮，即可完成计算操作。

	A	B	C	D	E	F
1						
2						
3	求和项:单价	列标签				
4	行标签	东门水产市场	西苑水产市场	上房水产市场	东巷水产市场	南项水产市
5	蛏子	100.00%	71.16%	114.13%	58.98%	30.50%
6	大闸蟹	100.00%	300.00%	238.73%	149.06%	51.41%
7	带鱼	100.00%	80.31%	76.17%	61.14%	21.76%
8	黑鱼	100.00%	#NULL!	86.24%	198.28%	48.60%
9	花蛤	100.00%	47.89%	173.94%	180.28%	#NULL!
10	鲫鱼					#NULL!
11	濑尿虾	100.00%	111.58%	102.90%	211.80%	257.91%
12	牛蛙	100.00%	152.10%	156.15%	51.81%	48.77%
13	文蛤	100.00%	99.54%	101.58%	32.69%	32.74%
14	小黄鱼	100.00%	171.43%	1125.00%	92.86%	183.93%
15	小龙虾			#NULL!		
16						

步骤 04 单击"数据透视表"选项组中的"选项"按钮，打开"数据透视表选项"对话框。在"布局和格式"选项卡中，勾选"对于错位值，显示"复选框，并输入显示值为0。

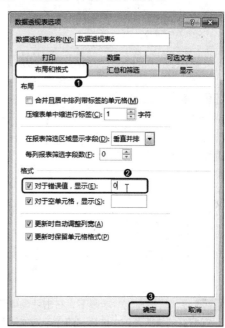

步骤 05 单击"确定"按钮，此时数据透视表中所有错误值都显示为0。

	A	B	C	D	E	F
1						
2						
3	求和项:单价	列标签				
4	行标签	东门水产市场	西苑水产市场	上房水产市场	东巷水产市场	南项水产市
5	蛏子	100.00%	71.16%	114.13%	58.98%	30.50%
6	大闸蟹	100.00%	300.00%	238.73%	149.06%	51.41%
7	带鱼	100.00%	80.31%	76.17%	61.14%	21.76%
8	黑鱼	100.00%	0.00%	86.24%	198.28%	48.60%
9	花蛤	100.00%	47.89%	173.94%	180.28%	0.00%
10	鲫鱼					0.00%
11	濑尿虾	100.00%	111.58%	102.90%	211.80%	257.91%
12	牛蛙	100.00%	152.10%	156.15%	51.81%	48.77%
13	文蛤	100.00%	99.54%	101.58%	32.69%	32.74%
14	小黄鱼	100.00%	171.43%	1125.00%	92.86%	183.93%
15	小龙虾			0.00%		
16						

5 父行汇总百分比

父行汇总百分比方式用于显示值占父行汇总百分比值。计算公式为该项的值/行上父行项的值。下面将介绍统计每个海产品销售价格占水产市场销售价格的百分比，以及每个水产市场销售价占总市场销售价的百分比的操作方法。

步骤 01 打开"数据透视表5"工作表，在"数据透视表字段"窗格中，将"单价"字段拖曳至"值"区域中。

	A	B	C
19	日期	2013/5/2	
20			
21	行标签	求和项:单价	求和项:单价2
22	⊟东巷水产市场		
23	蛏子	13.53	13.53
24	大闸蟹	23.7	23.7
25	花蛤	9.6	9.6
26	东巷水产市场 汇总	46.83	46.83
27	⊟九里水产市场		
28	蛏子	13.44	13.44
29	九里水产市场 汇总	13.44	13.44
30	总计	60.27	60.27
31			

步骤 02 将"求和项:单价2"字段重命名为"价格占比"。

	A	B	C
19	日期	2013/5/2	
20			
21	行标签	求和项:单价	价格占比
22	⊟东巷水产市场		
23	蛏子	13.53	13.53
24	大闸蟹	23.7	23.7
25	花蛤	9.6	9.6
26	东巷水产市场 汇总	46.83	46.83
27	⊟九里水产市场		
28	蛏子	13.44	13.44
29	九里水产市场 汇总	13.44	13.44
30	总计	60.27	60.27
31			

步骤 03 在"价格占比"字段下，右击任意单元格，在打开的快捷菜单中选择"值显示方式"命令，并在其菜单中选择"父行汇总的百分比"选项。

选择该选项

步骤 04 选择后即可完成价格占比的统计操作。

	A	B	C
19	日期	2013/5/2	
20			
21	行标签	求和项:单价	价格占比
22	⊟东巷水产市场		
23	蛏子	13.53	28.89%
24	大闸蟹	23.7	50.61%
25	花蛤	9.6	20.50%
26	东巷水产市场 汇总	46.83	77.70%
27	⊟九里水产市场		
28	蛏子	13.44	100.00%
29	九里水产市场 汇总	13.44	22.30%
30	总计	60.27	100.00%

6 按某一字段汇总

按某一字段汇总方式是将"基本字段"中连续项的值显示为累计总和。

步骤 01 打开"数据透视表5"工作表，右击E19单元格，并在打开的快捷菜单中选择"显示字段列表"命令，打开"数据透视表字段"窗格。

选择该命令

步骤 02 将"数量"字段再次移动至"值"区域中，并将"求和项：数量2"字段标签重命名为"累计数量"。

	E	F	G
18			
19	行标签	求和项:数量	累计数量
20	2013/5/1	232.56	232.56
21	2013/5/2	350.21	350.21
22	2013/5/3	368.84	368.84
23	2013/5/4	230.27	230.27
24	2013/5/5	294.2	294.2
25	2013/5/6	196.59	196.59
26	2013/5/7	335.03	335.03
27	2013/5/8	411.22	411.22
28	2013/5/9	438.89	438.89
29	2013/5/10	429.02	429.02
30	2013/5/11	420.38	420.38
31	2013/5/12	385.45	385.45
32	2013/5/13	292.39	292.39

步骤 03 右击该字段项任意单元格，在打开的快捷菜单中选择"值显示方式"命令，并在其子菜单中选择"按某一字段汇总"选项。

选择该选项

步骤 04 在"值显示方式（累计数量）"对话框中，保持"基本字段"为"日期"。

步骤 05 单击"确定"按钮，此时该数据透视表将会以日累计进货数量。

18	E	F	G
19	行标签 ▼	求和项:数量	累计数量
20	2013/5/1	232.56	232.56
21	2013/5/2	350.21	582.77
22	2013/5/3	368.84	951.61
23	2013/5/4	230.27	1181.88
24	2013/5/5	294.2	1476.08
25	2013/5/6	196.59	1672.67
26	2013/5/7	335.03	2007.7
27	2013/5/8	411.22	2418.92
28	2013/5/9	438.89	2857.81
29	2013/5/10	429.02	3286.83
30	2013/5/11	420.38	3707.21
31	2013/5/12	385.45	4092.66
32	2013/5/13	292.39	4385.05
33	2013/5/14	606.4	4991.45
34	2013/5/15	219.12	5210.57
35	2013/5/16	203.17	5413.74
36	2013/5/17	339.24	5752.98

7 升序排列

升序排列是显示某一字段中所选值的排位，并以序号形式显示，其中最小项显示为1。下面将按照销售金额的大小，对销售人员进行排名。

步骤 01 打开"数据透视表6"工作表，将"销售金额"字段再次移动到"值"区域中，并将其字段标签重命名为"排名"。

2	A	B	C
3	行标签 ▼	求和项:销售金额	排名
4	陈佳慧	¥1,196,800	1196800
5	胡艾	¥161,600	161600
6	刘东	¥812,500	812500
7	薛荣佳	¥374,600	374600
8	余姚	¥883,800	883800
9	张意	¥193,300	193300
10	赵悦月	¥176,700	176700
11	总计	¥3,799,300	3799300
12			

步骤 02 右击该字段下任意数据项，在快捷菜单中选择"值显示方式"命令，并在其子菜单中选择"升序排列"选项。

步骤 03 在"值显示方式（排名）"对话框中，将"基本字段"设为"销售人员"，单击"确定"按钮。

步骤 04 此时"排名"字段中的数据项以序号的形式显示。

2	A	B	C
3	行标签 ▼	求和项:销售金额	排名
4	陈佳慧	¥1,196,800	7
5	胡艾	¥161,600	1
6	刘东	¥812,500	5
7	薛荣佳	¥374,600	4
8	余姚	¥883,800	6
9	张意	¥193,300	3
10	赵悦月	¥176,700	2
11	总计	¥3,799,300	

步骤 05 选择"排名"字段下任意单元格，在"数据"选项卡中单击"升序"按钮。

步骤06 选择后即可完成销售人员的排名操作。

行标签 ▾	求和项:销售金额	排名
胡艾	¥161,600	1
赵悦月	¥176,700	2
张意	¥193,300	3
薛荣佳	¥374,600	4
刘东	¥812,500	5
余姚	¥883,800	6
陈佳慧	¥1,196,800	7
总计	¥3,799,300	

❽ 指数

利用"指数"值显示方式，可以对数据透视表内某一列数据的相对重要性进行统计查询。下面以统计电车产品在各卖场的相对重要性为例进行介绍。

步骤01 打开"数据透视表7"工作表，右击"金额"列任意单元格，在快捷菜单中选择"值显示方式"命令，并在其子菜单中选择"指数"选项。

步骤02 右击"金额"列任意单元格，选择"值字段设置"命令，在打开的对话框的"值显示方式"选项卡中，单击"数字格式"按钮，打开"设置单元格格式"对话框，对其数字格式进行设置。

步骤03 单击"确定"按钮，返回上一层对话框，再次单击"确定"按钮，完成数字格式的设置操作。

求和项:金额 行标签 ▾	列标签 ▾ 宣武区卖场	九里区卖场	泉雨区卖场	钟里区卖场	总计
速派奇电动车	1.10	1.19	0.93	0.81	1.00
欧派电动车	0.73	1.07	1.14	1.03	1.00
小米电动平衡车	1.15	0.94	0.90	1.02	1.00
绿能源电动车	1.11	0.78	1.00	1.10	1.00
总计	1.00	1.00	1.00	1.00	1.00

除了以上8种值显示方式外，数据透视表的值显示方式还包括父级汇总的百分比、差异、按某一字段汇总的百分比等。

- **父级汇总的百分比：** 显示值占"基本字段"中父项汇总的百分比值。
- **差异：** 显示的值为与"基本字段"中"基本项"值的差。
- **差异百分比：** 显示的值为与"基本字段"中"基本项"值的百分比差值。
- **按某一字段汇总的百分比：** 该方式将"基本字段"中连续项的值显示为百分比累计综合。
- **降序排列：** 该方式显示某一字段中所选值的排位，其中最大项排位为1。

6.2.2 删除值显示方式

如果用户需要对值显示的方式进行删除，则在"值字段设置"对话框的"值显示方式"选项卡中，将"值显示方式"设置为"无计算"方式即可。

110

6.3 在数据透视表中使用计算字段和计算项

创建好数据透视表后，用户是无法对其数据项进行更改或计算的。如果需要对某字段进行计算，就需要使用"添加计算字段"和"添加计算项"功能，本小节将介绍数据透视表中计算字段、计算项的添加和设置操作。

6.3.1 使用计算字段

计算字段是指通过现有的字段进行计算后得到的新字段，下面将向用户介绍计算字段的创建、修改和删除操作。

1 创建计算字段

在不改变数据源的情况下，用户可以利用"插入计算字段"对话框来添加相关的计算字段。下面将以创建"总分"计算字段为例，来介绍具体操作过程。

步骤 01 打开"数据透视表8"工作表，单击该报表任意单元格。在"分析"选项卡的"计算"选项组中，单击"字段、项目和集"下拉按钮，在下拉列表中选择"计算字段"选项。

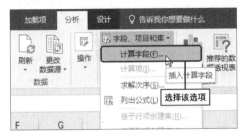

步骤 02 打开"插入计算字段"对话框，在"名称"文本框中输入"总分"字段。

步骤 03 在"公式"文本框中删除原有公式"=0"，在"字段"列表框中双击"艺术设计概论"字段，此时该字段将被添加到"公式"文本框中。

步骤 04 在"公式"文本框中输入"+"号，然后在"字段"列表中双击"国内外美术史"字段，输入"+"号，再双击"艺术设计基础"字段，完成公式输入操作。

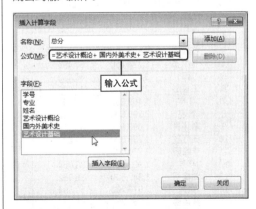

步骤 05 单击"确定"按钮，即可完成"总分"计算字段的添加操作。

用户也可以在计算字段中，使用常量对现有字段进行乘法或除法运算。下面将以创建"提成"字段为例，来介绍其具体操作方法。

步骤01 打开"数据透视表9"工作表，右击数据透视表中的任意单元格。在"计算"选项组中，单击"计算字段"按钮，在打开的"插入计算字段"对话框中设置字段名称和公式。

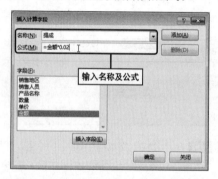

步骤02 单击"确定"按钮，完成"提成"字段的创建操作，然后设置好数据项格式。

	A	B	C
2			
3	行标签 ▼	求和项:金额	求和项:提成
4	张文杰	2,724,750	54,495
5	常莉	3,022,500	60,450
6	陈星彤	2,034,000	40,680
7	丁宇	1,459,850	29,197
8	窦亮	3,296,600	65,932
9	窦伟良	1,698,600	33,972
10	姜丽霞	1,736,000	34,720
11	李峰阳	1,770,000	35,400
12	李洋	1,903,200	38,064
13	刘鑫雨	1,847,600	36,952
14	聂风	2,979,200	59,584
15	吴佳蓉	3,261,850	65,237
16	吴倩倩	3,680,100	73,602
17	徐源	3,339,000	66,780
18	张峥宇	1,260,040	25,201
19	赵文洋	1,996,800	39,936
20	总计	38,010,090	760,202

2 修改计算字段

对已经创建好的计算字段，用户可以根据需求对其进行修改操作。

步骤01 单击"插入计算字段"按钮，打开"插入计算字段"对话框，在"名称"列表中选择修改字段，这里选择"提成"字段。

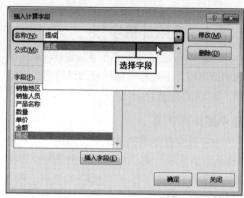

步骤02 在"公式"文本框中修改公式参数，这里将0.02更改为0.015。

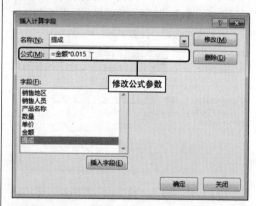

步骤03 单击"修改"按钮，即可完成计算字段的修改操作。

3 删除计算字段

如果想要删除不需要的计算字段，可通过以一下方法进行操作。

步骤01 单击"计算字段"按钮，打开"插入计算字段"对话框，在"名称"列表中选择要删除的字段名称。

选择字段

步骤 02 单击"删除"按钮，然后单击"确定"按钮，即可删除该计算字段。

单击

6.3.2 使用计算项

计算项是在现有字段中插入新的项，并通过该字段的其他项计算所得到。下面将对数据透视表中计算项的设置方法进行介绍。

❶ 插入计算项

下面将以添加"增长率"字段为例，介绍计算项的插入操作。

步骤 01 打开"数据透视表10"工作表，选择B3单元格。在"分析"选项卡的"计算"选项组中，单击"字段、项目和集"下拉按钮，选择"计算项"选项。

插入计算项

步骤 02 在"'日期'中插入计算字段"对话框中，将"名称"重命名为"增长率"。

重命名字段

步骤 03 将"公式"文本框中的"=0"清除，然后在"项"列表框中双击"2017"选项，此时在"公式"文本框中将显示"='2017'"。

双击

步骤 04 在"公式"文本框中输入"-"，然后在"项"列表框中双击2016选项，并添加双括号，再输入"/"，最后双击2016选项，完成公式的输入操作。

输入公式

步骤 05 单击"确定"按钮，完成"增长率"字段的添加。

	A	B	C	D	E
1					
2					
3	求和项:销售额	日期 ▼			
4	商品类型 ▼	2016	2017	增长率	总计
5	茶源画廊	65,042	74,971	0	140,013
6	大成画坊	65,942	67,042	0	132,984
7	董靖画廊	67,727	63,541	0	131,268
8	风和画坊	66,995	69,316	0	136,311
9	总计	265,706	274,870	0	540,576

步骤 06 框选D5:D9单元格区域，将其数字格式设为"百分比"，对"增长率"字段中的数据添加百分号。

	A	B	C	D	E
1					
2					
3	求和项:销售额	日期 ▼			
4	商品类型 ▼	2016	2017	增长率	总计
5	茶源画廊	65,042	74,971	15%	140,013
6	大成画坊	65,942	67,042	2%	132,984
7	董靖画廊	67,727	63,541	-6%	131,268
8	风和画坊	66,995	69,316	3%	136,311
9	总计	265,706	274,870	14%	540,576

步骤 07 在"设计"选项卡中，单击"总计"下拉按钮，选择"仅对列启用"选项，隐藏列"总计"字段。

	A	B	C	D
1				
2				
3	求和项:销售额	日期 ▼		
4	商品类型 ▼	2016	2017	增长率
5	茶源画廊	65,042	74,971	15%
6	大成画坊	65,942	67,042	2%
7	董靖画廊	67,727	63,541	-6%
8	风和画坊	66,995	69,316	3%
9	总计	265,706	274,870	14%

操作提示

💡 **计算项和计算字段的区别**
　　计算项是在已有的字段中插入的新项，并通过该字段现有的其他项进行计算所得到的；而计算字段是对现有的字段进行计算所得到的新字段。它们的应用范围也不一样，计算项应用于行或列字段；而计算字段则应用于值区域。

2 修改计算项

　　如果需要对添加的计算项进行修改，只需选中所需字段标签，单击"字段、项目和集"下拉按钮，选择"计算项"选项，打开相应的对话框。在"名称"列表中选择要修改的字段，然后在"公式"文本框中修改公式内容，单击"修改"按钮后，单击"确定"按钮，即可完成计算项的修改操作。

3 删除计算项

　　如果需要删除多余的计算项，可选中相关字段标签，单击"字段、项目和集"下拉按钮，选择"计算项"选项，在打开对话框的"名称"下拉列表中，选中要删除的字段，单击"删除"按钮即可。

动手练习｜统计装饰画销售报表中的数据

本章向用户介绍了如何在数据透视表中进行计算操作，其中包括值显示方式设置以及计算字段或计算项的添加操作等。下面将以"各地区装饰画销售"数据透视表为例，介绍为该数据透视表添加"售罄率"计算字段，并对各类装饰画进行排名的操作方法。

步骤01 打开"各地区装饰画销售（数据源）"工作表。单击"插入"选项卡下的"数据透视表"按钮，创建数据透视表，并将其工作表重命名为"各地区装饰画统计报表"。

步骤02 然后根据需要美化数据透视表。

步骤03 选择数据透视表中的任意单元格，在"分析"选项卡中单击"字段、项目和集"下拉按钮，在下拉列表中选择"计算字段"选项，打开"插入计算字段"对话框。

步骤04 在"名称"文本框中输入"售罄率"字段。

步骤05 在"公式"文本框中清除"=0"。然后在"字段"列表框中双击"销量"字段，此时在"公式"文本框中即会显示"=销量"字样。

操作提示

> 💡 **计算字段的局限性**
> 1. 平均值乘积错误：计算字段不是按照值字段数据进行计算的，是依据各数据之和进行计算的；
> 2. 总计错误：计算字段的总计是按照计算公式得出的，不是求和的结果。

步骤06 在"公式"文本框中输入"/"和"（）"，然后在"字段"列表框中双击"库存"字段。在"公式"文本框中输入"+"，并再次在"字段"列表框中双击"销量"字段，完成公式的输入操作。

步骤 07 单击"确定"按钮，完成"求和项：售罄率"字段的添加操作。

	A	B	C	D	E
1					
2					
3	商品名称	求和项:单价	求和项:销量	求和项:库存	求和项:售罄率
4	玻璃画	1080	162	225	0.418604651
5	剪纸画	1125	166	200	0.453551913
6	木刻画	1320	122	247	0.330623306
7	铜板画	780	232	356	0.394557823
8	镶嵌画	360	59	80	0.424460432
9	竹编画	1360	225	442	0.337331334
10	总计	6025	966	1550	0.383942766

步骤 08 选择E4:E10单元格区域并右击，在快捷菜单中选择"设置单元格格式"命令，在打开的对话框中设置"百分比"格式。

步骤 09 在"数据透视表字段"窗格中，将"售罄率"字段移动至"值"区域中，并将其字段重命名为"排名"。

	B	C	D	E	F
1					
2					
3	求和项:单价	求和项:销量	求和项:库存	求和项:售罄率	排名
4	1080	162	225	41.86%	0.418604651
5	1125	166	200	45.36%	0.453551913
6	1320	122	247	33.06%	0.330623306
7	780	232	356	39.46%	0.394557823
8	360	59	80	42.45%	0.424460432
9	1360	225	442	33.73%	0.337331334
10	6025	966	1550	38.39%	0.383942766

步骤 10 右击该字段下任意单元格，在快捷菜单中选择"值显示方式"命令，并在其子菜单中选择"升序排列"选项。

步骤 11 在"值显示方式（排名）"对话框中单击"确定"按钮，即可完成排名操作。

步骤 12 选中F4:F9单元格区域，在"数据"选项卡的"排序和筛选"选项组中单击"升序"按钮，将排名以升序方式进行排序。

	A	B	C	D	E	F
1						
2						
3	商品名称	求和项:单价	求和项:销量	求和项:库存	求和项:售罄率	排名
4	木刻画	1320	122	247	33.06%	1
5	竹编画	1360	225	442	33.73%	2
6	铜板画	780	232	356	39.46%	3
7	玻璃画	1080	162	225	41.86%	4
8	镶嵌画	360	59	80	42.45%	5
9	剪纸画	1125	166	200	45.36%	6
10	总计	6025	966	1550	38.39%	
11						

高手进阶｜统计电器销售汇总报表中的数据

计算项和计算字段可以同时应用到数据透视表中，下面将以"电器销售汇总"报表为例，来介绍具体的操作方法。

1 添加"销售金额"字段

首先为报表添加"销售金额"计算字段，具体操作方法如下。

步骤 01 打开"数据源9"工作表，首先插入"电器销售汇总"数据透视表。

步骤 02 适当美化数据透视表后，打开"插入计算字段"对话框。

操作提示

💡 **计算项的局限性**

当数据透视表包含多个行字段时，插入计算项后，行字段项目之间会重新排列组合，产生一些数据源中并没有出现的无效组合，即无效数据行；同一字段在数据透视表中多次使用时，不能应用计算项。

步骤 03 将"名称"设置为"销售金额"。

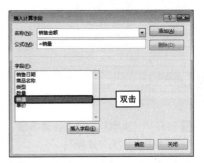

步骤 04 在"公式"文本框中清除"=0"文本。然后在"字段"列表框中双击"销量"字段，此时在"公式"文本框中即会显示"=销量"字样。

步骤 05 输入"*"乘号，然后双击"单价"字段。单击"添加"按钮，关闭该对话框。

步骤 06 此时"求和项：销售金额"计算字段已添加至数据透视表中。

行标签	求和项:数量	求和项:销量	求和项:单价	求和项:销售金额
⊟冰箱	186	94	37950	3567300
出库	55	31	13800	427800
入库	131	63	24150	1521450
⊟燃气热水器	210	86	22860	1965960
出库	80	53	12700	673100
入库	130	33	10160	335280
⊟微波炉	302	152	25350	3853200
出库	126	86	13650	1173900
入库	176	66	11700	772200
⊟液晶电视	168	61	50400	3074400
出库	58	32	28000	896000
入库	110	29	22400	649600
总计	866	393	136560	53668080

❷ 添加"库存"计算项

接下来将介绍如何添加"库存"计算项,具体操作步骤如下。

步骤01 选中A5单元格,在"字段、项目和集"下拉列表中选择"计算项"选项。

步骤02 打开"'类型'中插入计算字段"对话框,将"名称"命名为"库存"。

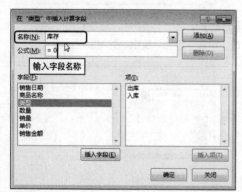

步骤03 在"公式"文本框中清除"=0"文本。然后在"项"列表框中双击"入库"字段,此时在"公式"文本框中即会显示"=入库"字样。

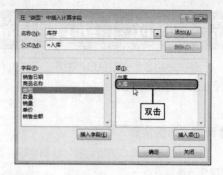

步骤04 输入"-"减号,并双击"出库"字段,完成公式的输入操作。

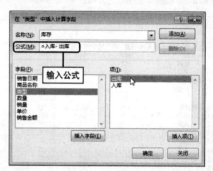

步骤05 单击"添加"按钮,并关闭对话框,即可完成"库存"计算项的添加操作。

行标签	求和项:数量	求和项:销量	求和项:单价	求和项:销售金额
⊟冰箱	262	126	48300	6085800
出库	55	31	13800	427800
入库	131	63	24150	1521450
库存	76	32	10350	331200
⊟燃气热水器	260	66	20320	1341120
出库	80	53	12700	673100
入库	130	33	10160	335280
库存	50	-20	-2540	50800
⊟微波炉	352	132	23400	3088800
出库	126	86	13650	1173900
入库	176	66	11700	772200
库存	50	-20	-1950	39000
⊟液晶电视	220	58	44800	2598400
出库	58	32	28000	896000
入库	110	29	22400	649600
库存	52	-3	-5600	16800
总计	1094	382	136820	52265240

操作提示

💡 **更改计算项的求解次序**

在数据透视表中如果存在两个或两个以上的计算项,并且不同计算项的公式存在相互引用时,其计算项的先后顺序会直接影响计算结果。用户可在"字段、项目和集"下拉列表中选择"求解次序"选项,在"计算求解次序"对话框中更改求解次序即可。

07

Chapter

119~146

数据透视表&
数据源的那些事

数据透视表是在数据源的基础上创建的，数据源中任何一个数据的变动，都会影响到数据透视表的统计结果。本章将向用户介绍数据源的一些相关知识点，例如更新数据源、动态数据透视表的创建、将多个数据源汇总到一张数据透视表以及利用多样数据源创建数据透视表等。

本章所涉及的知识要点：

- ◆ 刷新数据透视表
- ◆ 更改数据源
- ◆ 创建动态数据透视表
- ◆ 创建多区域报表
- ◆ 应用多样的数据源创建数据透视表

本章内容预览：

多页字段多表合并数据

Microsoft Query 查询界面

7.1 刷新数据透视表

数据透视表创建完成后，如果该透视表的数据源发生了变化，则需及时更新数据透视表信息，以防影响用户对数据的判断。本小节将向用户介绍几种更新数据透视表的操作方法。

7.1.1 手动刷新数据透视表

数据源发生变化时，用户可以选择手动更新的方式刷新数据透视表。

🔳 应用右键菜单进行刷新

选择数据透视表中的任意单元格并右击，在快捷菜单中选择"刷新"命令，即可及时更新当前数据透视表。

🔳 应用功能区命令进行刷新

在"分析"选项卡下的"数据"选项组中，单击"刷新"按钮，即可更新数据透视表。

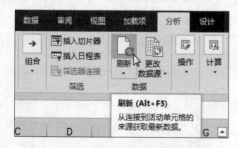

7.1.2 自动刷新数据透视表

除了手动刷新操作外，用户也可以通过以下几种方法来设置自动刷新数据透视表内容。

🔳 打开工作簿时自动刷新

选中所需数据透视表中的任意单元格，在"分析"选项卡中单击"选项"按钮，打开"数据透视表选项"对话框。单击"数据"选项卡，勾选"打开文件时刷新数据"复选框，然后单击"确定"按钮即可。

设置完成后，每当打开该数据透视表，系统都会同步刷新相关数据信息。

🔳 刷新引用外部数据的数据透视表

如果当前数据透视表所引用的数据源是外部数据，用户可使用后台刷新功能对数据进行刷新操作。

步骤 01 选中数据透视表中的任意单元格，在"数据"选项卡下的"连接"选项组中，单击"属性"按钮。

步骤 02 在"连接属性"对话框的"使用状况"选项卡中，勾选"允许后台刷新"复选框，单击"确定"按钮即可。

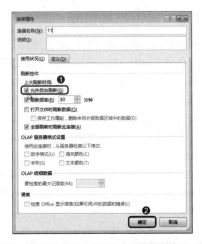

3 定时刷新

对于引用外部数据源的数据透视表来说,用户还可以设置定时刷新操作。

单击"属性"按钮,在打开的"连接属性"对话框的"使用状况"选项卡中,勾选"刷新频率"复选框,并在右侧数值框中设定刷新时间。单击"确定"按钮,即可完成定时刷新操作。

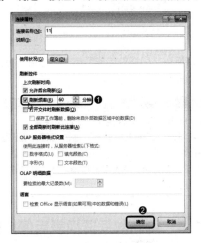

在"分析"选项卡的"数据"选项组中,单击"刷新"下拉按钮,在下拉列表选择"连接属性"选项,同样可打开"连接属性"对话框。

4 批量刷新

对两个或两个以上数据透视表进行刷新时,可用全部刷新功能批量刷新数据透视表内容。

在"分析"选项卡的"刷新"下拉列表中,选择"全部刷新"选项即可。

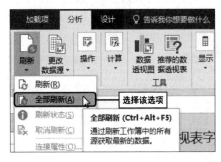

用户还可以在"数据"选项卡的"连接"选项组中,单击"全部刷新"按钮,同样也可批量刷新数据透视表内容。

5 应用VBA代码设置自动刷新

使用VBA代码功能,也可以自动刷新数据透视表。

步骤 01 右击数据透视表工作表标签，在打开的快捷菜单中选择"查看代码"命令。

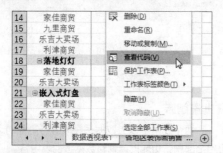

步骤 02 在打开的VBA窗口中输入以下代码：

```
Private Sub Worksheet_Activate()
    ActiveSheet.PivotTables("数据透视
表1").PivotCache.Refresh
```

输入代码

步骤 03 单击VBA窗口中的Excel图标，切换到当前数据透视表。将数据透视表另存为"Excel"文件类型即可。

选择文件类型

保存完成后，当打开该数据透视表时，系统将自动刷新数据。

7.1.3 延迟布局更新

每次使用"数据透视表字段"窗格添加、移动以及删除字段时，数据透视表都会实时更新一次。如果当前数据透视表中的数据量很大，系统在刷新数据时需要消耗一定的时间。为了节省时间，可使用"延迟布局更新"功能，让数据透视表暂不实时更新，当所有字段处理完毕后再进行刷新操作。

在"数据透视表字段"窗格中勾选"延迟布局更新"复选框，即可启用延迟布局更新功能。

勾选该复选框

待所有字段调整完毕后单击"更新"按钮，即可更新数据透视表。

操作提示

💡 **使用"延迟布局更新"功能需注意**
勾选"延迟布局更新"复选框后，当前数据透视表是不能进行排序、筛选以及分组操作的。所以在更新数据后，需要及时取消勾选"延迟布局更新"复选框。

7.1.4 刷新数据透视表后保持列宽不变

默认情况下，每次刷新数据透视表后，报表的列宽都会恢复到默认状态。要想在刷新数透视表后，保持表格列宽不变，可按照以下方法进行操作。

选中数据透视表中的任意单元格，在"分析"选项卡中单击"选项"按钮，打开"数据透视表选项"对话框。在"布局和格式"选项卡中，取消勾选"更新时自动调整列宽"复选框，然后勾选"更新时保留单元格格式"复选框，单击"确定"按钮即可。

7.1.5 共享数据透视表缓存

当数据透视表中添加了某一字段后，其他与之相关的数据透视表也同步增添了该字段，说明这些数据透视表存在共享数据缓存关系。

数据透视表缓存是数据透视表的内存缓冲区，每一个数据透视表在后台都有一个内存缓冲区，多个数据透视表可共用一个内存缓冲区。使用共享缓存有以下3点好处：

- 同步更新数据，无需一个一个地更新数据透视表的数据项，减少重复劳动；
- 在某一数据透视表中添加了计算字段、计算项以及组合字段，在其他数据透视表中也会同步添加相应的字段；
- 大大减小了工作簿的大小。

默认情况下，数据透视表缓存为共享状态。如果用户需要断开缓存共享，可通过以下方法进行操作。

步骤 01 打开所需数据透视表，按Ctrl+F3组合键，打开"名称管理器"对话框，单击"新建"按钮。

步骤 02 打开"新建名称"对话框，在"名称"文本框中输入名称内容，然后在"引用位置"文本框中选取引用的单元格区域。

步骤 03 单击"确定"按钮，返回上一层对话框单击"关闭"按钮。然后单击该数据透视表任意单元格，在"分析"选项卡下单击"更改数据源"按钮，在打开对话框的"选择一个表或区域"文本框中输入刚新建的名称（海鲜产品），单击"确定"按钮完成断开共享缓存操作。

7.2 数据源

数据透视表中的数据源可以是Excel内部数据源，也可以引用外部数据库的数据源。下面介绍引用外部数据源以及更改现有数据源的操作方法。

7.2.1 引用外部数据源

要对外部数据源进行更改，前提条件是该数据源引用的是外部数据。下面将对如何获取外部数据来创建数据透视表以及更改其数据源的方法进行介绍。

步骤 01 新建"材料入库统计"工作表，在"插入"选项卡下单击"数据透视表"按钮，打开"创建数据透视表"对话框，单击"使用外部数据源"单选按钮，然后单击"选择连接"按钮。

步骤 02 打开"现有连接"对话框，单击"浏览更多"按钮。

步骤 03 打开"选取数据源"对话框，选择需引用的数据表文件。

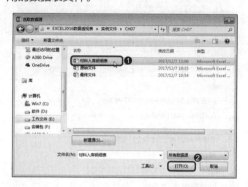

步骤 04 单击"打开"按钮，打开"选择表格"对话框，选择"材料入库明细表"选项，单击"确定"按钮。

步骤 05 返回到"创建数据透视表"对话框，单击"确定"按钮，完成空白数据透视表的创建操作。

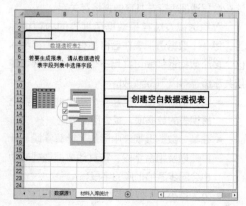

创建空白数据透视表

步骤 06 在"数据透视表字段"窗格中，根据需要添加相应的字段，然后设置好数据透视表的样式及布局。

	A	B	C	D	E
2					
3	行标签	求和项:入库数量	求和项:单价（元）	求和项:采购金额	
4	2016/11/1				
5	转换插头	12	30	180	
6	2016/11/2				
7	电缆线	10	300	1500	
8	2016/11/3				
9	玻化砖	650	61	39650	
10	单芯线	300	8	2400	
11	2016/11/4				
12	玻化砖	650	61	39650	
13	电源插座	8	31	248	
14	双控开关	9	38	342	
15	2016/11/5				
16	电脑插座	10	15	150	
17	电源插座	8	31	248	
18	釉面砖	180	45	8100	
19	2016/11/6				
20	马赛克	340	66	22440	
21	视频线	16	180	1440	
22	2016/11/7				
23	单控开关	11	16	176	
24	马赛克	340	66	22440	
25	2016/11/8				

7.2.2 更改现有数据源

如果用户需要对内部数据源信息进行更改，可通过以下方法进行操作。

步骤 01 打开"原始文件"工作簿的"数据透视表1"工作表，此时可以看到该数据透视表统计了公司所有员工的年龄和性别信息。

	A	B	C	D	E
2					
3	求和项:年龄		性别		
4	部门	姓名	男	女	
5	财务部	曹振华		26	
6		陈向辉		35	
7		褚凤山		21	
8		盛玉兆		24	
9		索明礼		28	
10	工程部	曹铁平	30		
11		高志民	24		
12		李文华	31		
13		卢雁鹏		32	
14		宋国祥	31		

步骤 02 选择数据透视表中的任意单元格，在"分析"选项卡的"数据"选项组中，单击"更改数据源"按钮。

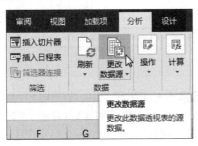

更改数据源
更改此数据透视表的源数据。

步骤 03 打开"更改数据透视表数据源"对话框，单击"表/区域"右侧的选取按钮。

单击

步骤 04 切换到"数据源1"工作表，框选A1:K11单元格区域。

	A	B	C	D	E	F	G
1	工号	姓名	部门	职位	性别	年龄	学历
2	FG001	陈向辉	财务部	财务经理	男	35	硕士
3	FG002	索明礼	财务部	主办会计	女	28	大专
4	FG003	盛玉兆	财务部	出纳	女	24	本科
5	FG004	曹振华	财务部	会计专员	女	26	本科
6	FG005	褚凤山	财务部	会计助理	女	21	本科
7	FG006	尉俊杰	人力资源部	人力资源经理	男	40	硕士
8	FG007	布春光	人力资源部	人力资源主管	男	36	本科
9	FG008	齐小杰	人力资源部	人力资源专员	男	31	本科
10	FG009	李思禾	人力资源部	人力资源专员	女	31	本科
11	FG010	刘柏林	人力资源部	人力资源助理	女	25	大专
12						35	本科
13						34	本科
14			数据源1!$A$1:$K$11			32	硕士
15						33	本科
16	FG015	李晨晨	销售部	销售主管	女	35	本科
17	FG016	李婷杰	销售部	销售员	男	28	大专
18	FG017	丁清泉	销售部	销售员	男	35	大专
19	FG018	林志民	销售部	销售员	男	27	本科
20	FG019	孙志丛	销售部	销售员	男	26	本科

步骤 05 返回到上一层对话框单击"确定"按钮，即可完成数据源的更改操作。此时"数据透视表1"工作表中的数据项也会随之发生变化。

	A	B	C	D	E
2					
3	求和项:年龄		性别		
4	部门	姓名	男	女	
5	财务部	曹振华		26	
6		陈向辉		35	
7		褚凤山		21	
8		盛玉兆		24	
9		索明礼		28	
10	人力资源部	布春光	36		
11		李思禾		31	
12		刘柏林		25	
13		齐小杰	31		
14		尉俊杰	40		
15					

操作提示

💡 **清除从数据源中删除的项目**
有时在数据源中删除了某项目后，刷新数据透视表后，被删除的项目仍然存在。此时只需右击任意单元格，在快捷菜单中选择"数据透视表选项"命令，在打开的对话框中单击"数据"选项卡，并将"每个字段保留的项目数"设为"无"，单击"确定"按钮即可清除。

7.3 创建动态数据透视表

在实际工作中，数据源往往每天都会有相应的增加。如果一次又一次地更改数据源，会非常得麻烦。遇到这类问题，用户可以通过创建动态数据透视表解决。本小节将介绍创建动态数据透视表的几种操作方法。

7.3.1 通过定义名称创建动态数据透视表

利用定义名称创建动态数据透视表，即使用公式来定义数据源。当数据源有所增加时，数据透视表会自动进行相应的变化。

❶ 定义动态名称所需函数

通常定义名称所使用的函数为：OFFSET+COUNTA函数，下面将对这两个函数的语法进行简单说明。

OFFSET函数以指定的（单元格或相连单元格区域的引用）为参照系，通过给定偏移量得到新的引用。返回的引用可以是一个单元格也可以是一个区域（可以指定行列数）。OFFSET函数的语法为：OFFSET(reference,rows,cols,[height],[width])。其中参数reference作为偏移量参照系的引用区域，必须对单元格或相连单元格区域的引用，否则返回错误值#VALUE!；参数row为行偏移量，正数代表在参照单元格的下方，负数代表在参照单元格的上方；参数cols为列偏移量，正数代表在参照单元格的右边，负数代表在参照单元格的左边；参数height为高度，即所要返回的引用区域的行数，必须为正数；参数width为宽度，即所要返回的引用区域的列数必须为正数。

COUNTA函数可以计算单元格区域或数组中包含数据的单元格个数。COUNTA函数的语法为：COUNTA(value1,value2,...)。其中参数value1,value2,...为所要计算的值，参数个数为1到30个。

❷ 制作动态数据透视表

下面将以创建动态"办公消费统计"数据透视表为例，来介绍动态数据透视表的创建操作。

步骤01 打开"原始文件"工作簿中的"数据源3"工作表。在"公式"选项卡中单击"名称管理器"按钮，打开相应的对话框，单击"新建"按钮。

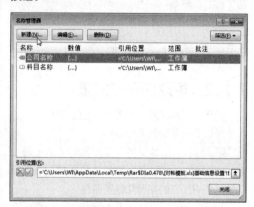

步骤02 在"新建名称"对话框的"名称"文本框中输入"数据"，在"引用位置"文本框中输入以下公式：
=OFFSET(数据源3!$A$1,0,0,COUNTA(数据源3!$A:$A),COUNTA(数据源3!$1:$1))

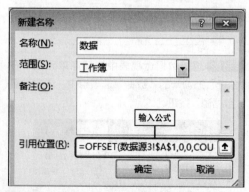

步骤03 单击"确定"按钮，返回到上一层对话框。在"名称管理器"对话框中单击"关闭"按钮，关闭对话框。

步骤 04 选择"数据源3"工作表中任意单元格，在"插入"选项卡中单击"数据透视表"按钮，在"创建数据透视表"对话框的"表/区域"文本框中输入刚定义好的名称。

步骤 05 单击"确定"按钮，完成空白数据透视表的创建操作。将新建的工作表重命名为"办公消费统计"工作表。然后添加相应的字段名称，并美化该透视表。

	A	B
1		
2		
3	行标签 ▼	求和项:金额
4	⊟2014/6/1	
5	办公用品费	423.01
6	材料采购费	375.02
7	福利费	315.06
8	通讯费	596.17
9	2014/6/1 汇总	1709.26
10	⊟2014/6/5	
11	办公用品费	721.99
12	通讯费	1203.75
13	2014/6/5 汇总	1925.74
14	⊟2014/6/9	
15	办公用品费	643.05
16	材料采购费	410.98
17	福利费	179.88
18	业务招待费	206.27
19	2014/6/9 汇总	1440.18
20	总计	5075.18

步骤 06 此时在"数据源3"工作表中，添加了一行数据信息。

	A	B	C
1	日期	类别	金额
2	2014/6/1	福利费	315.06
3	2014/6/1	办公用品费	423.01
4	2014/6/1	材料采购费	375.02
5	2014/6/1	通讯费	596.17
6	2014/6/5	通讯费	177.07
7	2014/6/5	通讯费	370.07
8	2014/6/5	通讯费	656.61
9	2014/6/5	办公用品费	721.99
10	2014/6/9	办公用品费	643.05
11	2014/6/9	材料采购费	410.98
12	2014/6/9	业务招待费	206.27
13	2014/6/9	福利费	179.88
14	2014/6/11	业务招待费	1105.5

步骤 07 在新创建的"办公消费统计"数据透视表中，右击任意单元格，在打开的快捷菜单中选择"刷新"选项，即可显示新增的数据项。

	A	B
1		
2		
3	行标签 ▼	求和项:金额
4	⊟2014/6/1	
5	办公用品费	423.01
6	材料采购费	375.02
7	福利费	315.06
8	通讯费	596.17
9	2014/6/1 汇总	1709.26
10	⊟2014/6/5	
11	办公用品费	721.99
12	通讯费	1203.75
13	2014/6/5 汇总	1925.74
14	⊟2014/6/9	
15	办公用品费	643.05
16	材料采购费	410.98
17	福利费	179.88
18	业务招待费	206.27 显示新增加的数据项
19	2014/6/9 汇总	1440.18
20	⊟2014/6/11	
21	业务招待费	1105.5
22	2014/6/11 汇总	1105.5
23	总计	6180.68

7.3.2 通过编辑OLE DB查询创建动态数据透视表

除了以上方法外，用户还可以使用导入外部数据的操作方法来创建动态数据透视表。

步骤 01 在"数据"选项卡的"获取外部数据"选项组中，单击"现有连接"按钮。

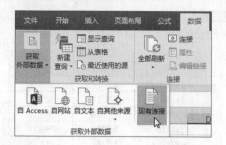

步骤 02 打开"现有连接"对话框，单击"浏览更多"按钮。

步骤 03 打开"选取数据源"对话框，选择要导入的数据表格。

步骤 04 单击"打开"按钮，在"选择表格"对话框中选择要导入的工作表文件。

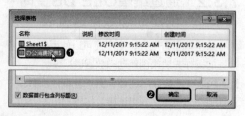

步骤 05 单击"确定"按钮，打开"导入数据"对话框。单击"数据透视表"单选按钮，并在"数据的放置位置"选项区域中单击"新工作表"单选按钮。

步骤 06 单击"确定"按钮，即可在新工作表中创建空白数据透视表。在"数据透视表字段"窗格中，勾选要添加的字段，并美化该透视表，即可完成动态数据透视表的创建操作。

步骤 07 此时若在数据源中增添了新数据，则在该数据透视表中使用"刷新"命令，即可显示新数据。

7.3.3 通过表功能创建动态数据透视表

　　利用插入Excel表功能也可以轻松地创建动态数据透视表，具体操作如下。

步骤 01 在所需数据源中单击任意单元格，然后在"插入"选项卡的"表格"选项组中，单击"表格"按钮，打开"创建表"对话框，单击"确定"按钮。

步骤 02 此时当前数据列表已转换成Excel表格。

职位	性别	年龄	学历	籍贯	入职时间	手机号	部门号
财务经理	女	35	硕士	安徽	2007/9/1	150554***63	69980
主办会计	女	28	大专	江西	2005/9/6	151568***27	69980
出纳	女	24	本科	浙江	2012/6/25	137854***75	69980
会计专员	女	26	本科	江苏	2011/7/1	130145***62	69980
会计助理	女	21	本科	安徽	2014/6/26	132459***54	69980
人力资源经理	男	40	硕士	安徽	2006/7/2	185789***87	69981
人力资源主管	男	36	本科	安徽	2007/4/5	150459***25	69981
人力资源专员	男	31	本科	安徽	2009/5/7	150124***98	69981
人力资源专员	女	31	本科	河北	2009/7/8	151123***54	69981
人力资源助理	女	25	大专	河南	2013/9/6	152126***91	69981
销售经理	男	35	本科	江西	2009/7/1	152554***65	69982
销售副经理	女	34	本科	江西	2009/7/7	152158***51	69982
销售主管	女	32	硕士	江西	2011/8/5	152164***78	69982
销售主管	女	33	本科	上海	2010/8/9	153124***79	69982
销售主管	男	35	本科	湖北	2010/7/3	158784***23	69982
销售员	男	30	大专	湖南	2012/4/5	150554***63	69982
销售员	男	35	大专	湖北	2012/7/5	151568***27	69982
销售员	男	27	本科	天津	2013/5/6	137854***75	69982
销售员	男	26	本科	山东	2013/5/6	130145***62	69982

步骤 03 在该表格中单击任意单元格，然后在"插入"选项卡中，单击"数据透视表"按钮，打开"创建数据透视表"对话框，保持"表/区域"的默认选项，然后选择数据透视表的放置位置。

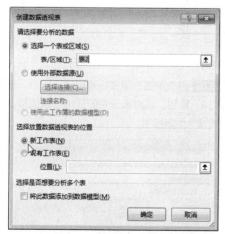

步骤 04 单击"确定"按钮，即可创建空白数据透视表。在"数据透视表字段"窗格中，勾选所需字段并美化数据透视表。

	A	B	C	D
3	求和项:年龄	列标签		
4	行标签	男	女	总计
5	财务部			
6	曹振华		26	26
7	陈向辉		35	35
8	褚凤山		21	21
9	盛玉兆		24	24
10	索明礼		28	28
11	财务部 汇总		134	134
12	工程部			
13	曹轶平	30		30
14	高志民	24		24
15	李文华	31		31
16	卢雁鹏		32	32
17	宋国祥	31		31
18	张明亮	30		30
19	工程部 汇总	146	32	178
20	技术部			
21	郭子睿	30		30
22	金宏源	25		25
23	王甜甜		28	28
24	吴博	24		24
25	吴清华	23		23
26	技术部 汇总	102	28	130

步骤 05 在数据源中新增相应的数据信息。

	工号	姓名	部门	职位	性别
41	FG040	苏宪红	市场部	市场部经理	男
42	FG041	邱杰克	市场部	市场部主管	男
43	FG042	邹娇娥	市场部	市场部主管	女
44	FG043	黄甜甜	市场部	市场专员	男
45	FG044	徐世燕	市场部	市场专员	男
46	FG045	幸璐荣	市场部	市场专员	男
47	FG046	李红霞	市场部	市场专员	男
48	FG047	范厚红	市场部	市场专员	女
49	FG048	王思琴	市场部	市场助理	女
50	FG049	莫明翠	市场部	市场助理	女
51	FG050	吴玉兰	市场部	市场助理	女
52	FG051	吴倩	市场部	市场专员	女
53					

步骤 06 在当前数据透视表中单击"刷新"按钮，新增添的数据会显示在透视表中。

	A	B	C	D
33	人力资源部			
34	布春光	36		36
35	李思禾		31	31
36	刘柏林		25	25
37	齐小杰	31		31
38	尉俊杰	40		40
39	人力资源部 汇总	107	56	163
40	市场部			
41	范厚红		25	25
42	黄甜甜	29		29
43	李红霞	26		26
44	莫明翠		24	24
45	邱杰克	28		28
46	苏宪红	32		32
47	王思琴		25	25
48	吴玉兰		24	24
49	幸璐荣	28		28
50	徐世燕	27		27
51	邹娇娥		27	27
52	吴倩		26	26
53	市场部 汇总	170	151	321
54	销售部			
55	崔秀杰		33	33
56	贾玉利	27		27

显示新增数据项

7.4 创建多区域报表

以上章节介绍的方法，只适用于创建单个报表的数据透视表。在日常工作中，常常需要对两张或两张以上的数据表进行统计分析。此时就需要通过创建多重合并计算数据区域功能，来实现多区域域数据透视表的创建操作。

1 单页字段多表合并数据

下面将以创建"各地区汇总销售额"报表为例，来介绍如何创建单页字段多表合并数据的操作。

步骤01 打开"装饰画销售报表（原始）"工作簿文件。可以看到该工作簿中有"4月"、"5月"、"6月"三张销售统计表。

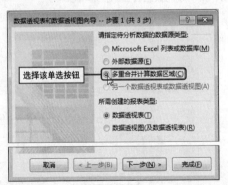

步骤02 依次按下Alt、D和P键，打开"数据透视表和数据透视图向导--步骤1（共3步）"对话框。单击"多重合并计算数据区域"单选按钮。

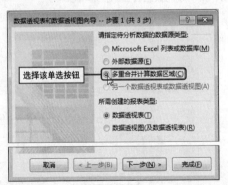

步骤03 单击"下一步"按钮，在"数据透视表和数据透视图向导--步骤2a（共3步）"对话框中，保持"创建单页字段"单选按钮为选中状态，单击"下一步"按钮。

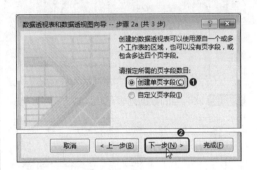

步骤04 在"数据透视表和数据透视图向导--步骤2b，共3步"对话框中，单击"选定区域"右侧选取按钮，然后单击"4月"工作表，并选择A1:J55单元格区域。

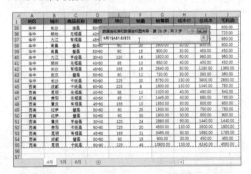

步骤05 再次单击选取按钮返回对话框中，单击"添加"按钮。此时被选中的区域已添加至"所有区域"列表框中。

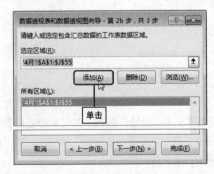

步骤 06 重复步骤04，将"5月"和"6月"工作表中的销售数据添加至"所有区域"列表框中。

步骤 07 单击"下一步"按钮，打开"数据透视表和数据透视图向导--步骤3（共3步）"对话框，根据需要选择透视表的位置。这里选择"新工作表"单选按钮，然后单击"完成"按钮。

步骤 08 将该新工作表重命名为"各地区汇总销售额"。右击A3单元格，在打开的快捷菜单中选择"值汇总依据"命令，并在其子菜单中选择"求和"选项。

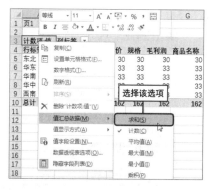

步骤 09 选择完成后，可将计数汇总字段更改为求和字段。

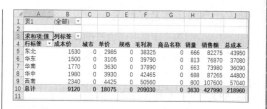

步骤 10 单击"列标签"下拉按钮，在打开的下拉列表中取消勾选不需要的字段复选框，然后单击"确定"按钮。

取消勾选不需要字段复选框

步骤 11 设置好数据透视表样式，完成以"页"为筛选区域的汇总销售额报表。

步骤 12 单击该报表筛选区下拉按钮，在打开的下拉列表中可以对月份进行筛选。其中"项1"显示为4月，"项2"显示为5月，"项3"则显示为6月。

筛选页字段

❷ 多页字段多表合并数据

以上介绍的是单页多表合并的操作，下面将以创建"年度装饰画统计"数据报表为例，介绍如何进行多页多表合并的操作方法。

步骤 01 打开"年度装饰画统计表（原始）"工作簿，可以看到在"2015年"、"2016年"和"2017年"3张工作表中，分别统计了"壁画"和"卡纸画"两张销售记录。

步骤 02 依次按下Alt、D和P键，打开"数据透视表和数据透视图向导--步骤1（共3步）"对话框。选择"多重合并计算数据区域"单选按钮后，单击"下一步"按钮。

步骤 03 在"数据透视表和数据透视图向导--步骤2a（共3步）"对话框中，选择"自定义页字段"单选按钮后，单击"下一步"按钮。

步骤 04 在"数据透视表和数据透视图向导-步骤2b，共3步"对话框中，单击"选定区域"右侧选取按钮，选取"2015年"工作表中的A1:E11单元格区域。

步骤 05 单击"添加"按钮，将框选的数据区域添加至"所有区域"列表框中，在"请先指定要建立在数据透视表中的页字段数目"选项组中，单击2单选按钮。

步骤 06 在"字段1"文本框中输入2015，在"字段2"文本框中输入"壁画"。

步骤 07 按照同样的操作方法，将"2015年"工作表中的卡纸画数据区域添加至"所有区域"列表框中。然后将"字段1"设为2015，将"字段2"设为卡纸画。

步骤 08 重复步骤04-06操作，将"2016年"和"2017年"两张工作表中的两个数据统计表添加至对话框中。

步骤 09 单击"下一步"按钮，在"数据透视表和数据透视图向导--步骤3（共3步）"对话框中单击"完成"按钮。

步骤 10 将新工作表重命名为"年度装饰画统计"。单击A4单元格，将该报表汇总项设为"求和"。

步骤 11 隐藏"商品名称"字段后，设置好数据透视表样式。

步骤 12 单击筛选区域"页1"下拉按钮，然后可根据需要选择所需年份。

操作提示

自定义页字段限制

在"数据透视表和数据透视图向导-第2b步，共3步"对话框中，只有0~4个页字段数目可以选择，所以用户最多只能设置4个页字段。

步骤 13 单击筛选区域"页2"下拉按钮，可选择所需商品名称。

Chapter **07** 数据透视表&数据源的那些事

筛选页2字段

3 多区域合并比较差异

要想对同一张工作表中的多个表数据合并比较，可通过以下方法进行操作。

步骤01 打开"原始文件"工作簿中的"数据源2"工作表。依次按Alt、D和P键，打开"数据透视表和数据透视图向导--步骤1（共3步）"对话框，单击"多重合并计算数据区域"单选按钮，并单击"下一步"按钮。

步骤02 在"数据透视表和数据透视图向导--步骤2a（共3步）"对话框中，单击"自定义页字段"单选按钮，并单击"下一步"按钮。

步骤03 在"数据透视表和数据透视图向导-步骤2b，共3步"对话框中，将"数据源2"中的两个表内容添加至"所有区域"列表框中。

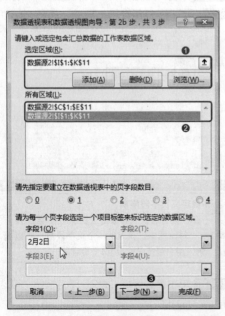

步骤04 在"数据透视表和数据透视图向导--步骤3（共3步）"对话框中单击"完成"按钮，即可创建空白数据透视表。

单击

步骤05 将新建的工作表重命名为"计件统计报表"。然后将该数据透视表的"计数"汇总项设置为"求和"。

	A	B	C	D
1	页1	(全部)		
2				
3	求和项:值	列标签		
4	行标签	工序编码	计件数量	总计
5	陈会羽	8002	320	8322
6	陈毓涵	8002	310	8312
7	方艺霖	8004	358	8362
8	付伟	8004	378	8382
9	李裕成	8006	341	8347
10	卢吉宣	8006	342	8348
11	卯红江	8008	410	8418
12	王红颜	8008	413	8421
13	叶馨兴	8010	275	8285
14	赵超杰	8010	255	8265
15	总计	80060	3402	83462

步骤06 设置好数据透视表样式后，单击"列标签"右侧下拉按钮，将不需要的字段隐藏。

	A	B	C
1	页1	(全部)	
2			
3	求和项:值	列标签	
4	行标签	计件数量	总计
5	陈会羽	320	320
6	陈毓涵	310	310
7	方艺霖	358	358
8	付伟	378	378
9	李裕成	341	341
10	卢吉宣	342	342
11	卯红江	410	410
12	王红颜	413	413
13	叶馨兴	275	275
14	赵超杰	255	255
15	总计	3402	3402

单击

步骤 07 在"数据透视表字段"窗格中，将"页1"字段移动至"列"区域。

⬚	A	B	C	D	E	F
1						
2						
3	求和项:值	列标签 ▾				
4		⊟2月1日	2月1日 汇总	⊟2月2日	2月2日 汇总	总计
5	行标签 ▾	计件数量		计件数量		
6	陈会羽	160	160	160	160	320
7	陈毓涵	150	150	160	160	310
8	方艺霖	180	180	178	178	358
9	付 伟	180	180	198	198	378
10	李裕成	170	170	171	171	341
11	卢吉宣	170	170	172	172	342
12	卯红江	200	200	210	210	410
13	王红颜	210	210	203	203	413
14	叶馨兴	130	130	145	145	275
15	赵超杰	120	120	135	135	255
16	总计	1670	1670	1732	1732	3402

步骤 08 隐藏"汇总"和"总计"字段。

⬚	A	B	C
1			
2			
3	求和项:值	列标签 ▾	
4		⊟2月1日	⊟2月2日
5	行标签 ▾	计件数量	计件数量
6	陈会羽	160	160
7	陈毓涵	150	160
8	方艺霖	180	178
9	付 伟	180	198
10	李裕成	170	171
11	卢吉宣	170	172
12	卯红江	200	210
13	王红颜	210	203
14	叶馨兴	130	145
15	赵超杰	120	135

步骤 09 单击B4单元格，在"分析"选项卡中，单击"字段、项目和集"下拉按钮，选择"计算项"选项，打开"在'页1'中插入计算字段"对话框。

步骤 10 在"名称"文本框中输入"差异"，在"公式"文本框中输入公式。

步骤 11 单击"确定"按钮，完成差异计算项的添加操作。

⬚	A	B	C	D
1				
2				
3	求和项:值	列标签 ▾		
4		⊟2月1日	⊟2月2日	⊟差异
5	行标签 ▾	计件数量	计件数量	计件数量
6	陈会羽	160	160	0
7	陈毓涵	150	160	-10
8	方艺霖	180	178	2
9	付 伟	180	198	-18
10	李裕成	170	171	-1
11	卢吉宣	170	172	-2
12	卯红江	200	210	-10
13	王红颜	210	203	7
14	叶馨兴	130	145	-15
15	赵超杰	120	135	-15

4 多工作簿合并数据

如果要对多个工作簿中的数据进行合并，可通过以下方法进行操作。

步骤 01 新建"年度空调销量统计报表"工作表。然后同时打开"上半年空调销售量"和"下半年空调销售量"两个工作簿。

步骤 02 依次按下Alt、D和P键，在打开的对话框中依次单击"多重合并计算数据区域"、"下一步"、"自定义页字段"和"下一步"按钮，打开"数据透视表和数据透视图向导–步骤2b，共3步"对话框。

步骤 03 将"上半年空调销售量"工作簿和"下半年空调销售"工作簿中的数据添加至"所有区域"文本框中，并设置好字段。

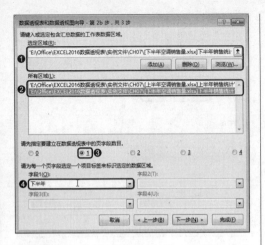

步骤 04 单击"下一步"按钮，打开"数据透视表和数据透视图向导--步骤3（共3步）"对话框，单击"现有工作表"单选按钮，并设置好数据透视表的显示位置。

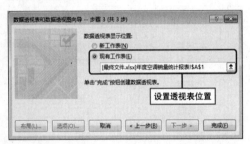

步骤 05 单击"完成"按钮，完成数据透视表的创建操作。

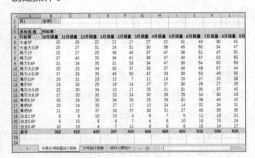

步骤 06 设置好数据透视表样式后，单击"行标签"下拉按钮，在下拉列表中选择"其他排序选项"选项，打开"排序（行）"对话框。单击"升序排序（A到Z）依据"单选按钮，并在其下拉列表中选择"求和项：值"选项。

步骤 07 单击"其他选项"按钮，在打开的对话框中设置排序条件。

步骤 08 单击"确定"按钮，返回上一层对话框，再次单击"确定"按钮，完成总计项升序排序操作。

	H	I	J	K	L	M	N
1	页1						
2							
3	求和项:值						
4	行标签	4月销量	5月销量	6月销量	7月销量	8月销量	9月销量	总计
5	日立1.5P	7	5	11	18	21	8	115
6	日立5.6P	6	10	15	15	24	7	120
7	日立6.4P	6	8	15	14	17	5	120
8	海尔10P	15	20	27	20	28	17	231
9	美的5P	24	14	32	34	31	25	288
10	海尔5P	37	30	29	27	29	25	310
11	大金5P	22	31	43	30	40	24	322
12	海尔大3.0P	21	31	35	37	40	33	334
13	海尔大6.0P	35	25	34	30	43	27	338
14	美的9P	31	27	40	35	30	27	361
15	美的5.5P	35	31	38	40	42	32	397
16	大金大3.0P	38	45	50	34	47	28	405
17	格力大3.0P	27	40	48	57	44	34	429
18	格力1P	47	38	51	47	50	38	456
19	格力5.6P	47	30	54	50	53	37	464
20	格力小5.0P	30	53	59	49	50	40	500
21	格力2P	37	40	57	53	50	46	503

7.5 应用多样的数据源创建数据透视表

数据透视表的数据源除了使用Excel自身数据表之外，还可以使用其他外部数据来创建。例如利用Microsoft Query数据查询创建、利用文本数据源创建、利用Microsoft Access数据库创建等。

7.5.1 使用Microsoft Query 数据查询创建数据透视表

Microsoft Query是Office软件中的一个数据查询工具，不仅可以导入外部数据，并且在数据导入后，能够使导入的数据跟随外部数据库自动更新。下面将介绍使用Microsoft Query工具创建数据透视表的操作方法。

步骤 01 新建工作簿，将其命名为"销售汇总"，然后将Sheet1工作表重命名为"汇总"。

步骤 02 单击该工作表中任意单元格，在"数据"选项卡下的"获取外部数据"选项组中单击"自其他来源"下拉按钮，选择"来自Microsoft Query"选项。

步骤 03 在"选择数据源"对话框的"数据库"选项卡中，选择"Excel Files*"选项。取消勾选"使用'查询向导'创建/编辑查询"复选框。

步骤 04 单击"确定"按钮，进入Microsoft Query工作界面，在"选择工作簿"对话框中，选择要导入的数据源名称，单击"确定"按钮。

步骤 05 在"添加表"对话框中，选择数据源名称，单击"添加"按钮。

步骤 06 如果"添加表"对话框为空白，则需单击"选项"按钮，在"表选项"对话框中勾选"系统表"复选框并单击"确定"按钮，即可显示数据列表。

步骤 07 关闭"添加表"对话框。此时在Micr-osoft Query查询界面中已添加了数据列表。

步骤 08 在数据列表中双击要添加的字段，即可在数据窗格中添加相应的数据项。

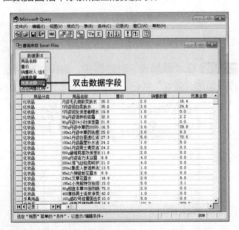

步骤 09 单击"将数据返回到Excel"按钮，打开"导入数据"对话框，单击"数据透视表"单选按钮，然后再单击"属性"按钮。

步骤 10 在"连接属性"对话框的"使用状况"选项卡中，勾选"打开文件时刷新数据"复选框。

步骤 11 单击"确定"按钮，返回上一层对话框并设置好"现有工作表"的位置。

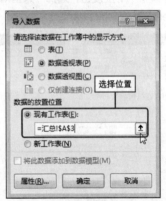

步骤 12 单击"确定"按钮，即生成一张空白数据透视表。

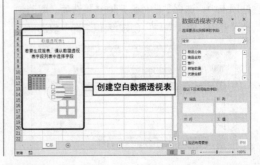

步骤 13 在"数据透视表字段"窗格中勾选字段至相应区域，即可完成数据透视表的创建操作。

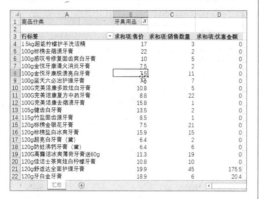

7.5.2 使用文本数据源创建数据透视表

默认情况下，想要对纯文本数据进行分析统计，需要将这些数据先导入到Excel中，然后利用数据透视表进行分析。在Excel中，用户可根据需要使用文本数据源来创建数据透视表。

步骤 01 新建空白工作簿，并将其命名为"物料入库统计"。在"数据"选项卡中，单击"自其他来源"下拉按钮，选择"来自Microsoft Query"选项。

步骤 02 在"选择数据源"对话框中，选择"<新数据源>"选项，取消勾选"使用'查询向导'创建/编辑查询"复选框，然后单击"确定"按钮。

步骤 03 打开"创建新数据源"对话框，在"请输入数据源名称"文本框中输入新名称，在第2个文本框中选择"Microsoft Text Driver (*.txt; *.csv)"选项。

步骤 04 单击"确定"按钮，在"ODBC Text安装"对话框中取消勾选"使用当前目录"复选框，并单击"选择目录"按钮。

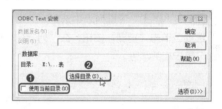

步骤 05 在"选择目录"对话框中，选择好文本数据源文件，单击"确定"按钮。

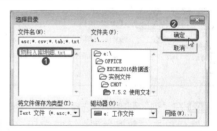

步骤 06 返回"ODBC Text安装"对话框，单击"选项"按钮，取消勾选"默认"复选框。在"扩展名列表"中选择"*.txt"选项，单击"定义格式"按钮。

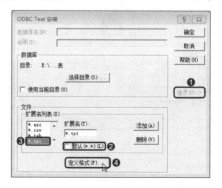

步骤 07 打开"定义Text格式"对话框,在"表"列表框中选择要导入的文本数据源后,勾选"列名标题"复选框。

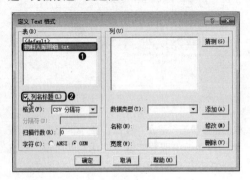

步骤 08 在"格式"下拉列表中选择"Tab分隔符"选项,单击"猜测"按钮,在"列"列表框中即可显示相关字段。

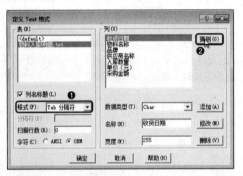

步骤 09 在"列"列表框中选择"收货日期"字段,然后单击"数据类型"下拉按钮,选择LongChar选项,单击"修改"按钮,即可修改该字段数据类型。

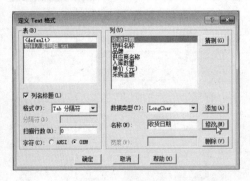

步骤 10 按照同样的方法,将"列"列表框中的"物料名称"、"品牌"和"供应商名称"这3个字段的数据类型都设为LongChar,并单击"修改"按钮。

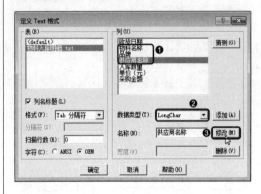

步骤 11 在"列"列表框中,将"入库数量"、"单价(元)"和"采购金额"字段的数据类型设为Float,并单击"修改"按钮。

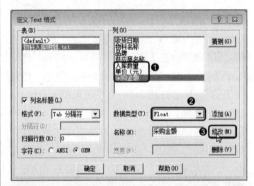

操作提示

设置数据类型需注意

在"定义Text格式"对话框中,设置好字段的数据类型这一步骤很重要。一般对于文本型数据字段来说,必须将其数据类型设置为LongChar类型;而数值型数据字段则设为Float类型。

步骤 12 单击"确定"按钮,返回到上一层对话框。依次单击"确定"按钮,关闭所有对话框。进入Microsoft Query查询界面。在打开的"添加表格"对话框中,双击要导入的文本数据源文件。

步骤 13 关闭"添加表格"对话框，此时文本数据源中的相关字段已添加至Microsoft Query查询界面中。

步骤 14 双击查询字段中的"*"号，即可将数据字段添加到查询界面中。

步骤 15 单击"将数据返回到Excel"按钮，打开"导入数据"对话框，单击"数据透视表"单选按钮，并设置好数据放置位置。

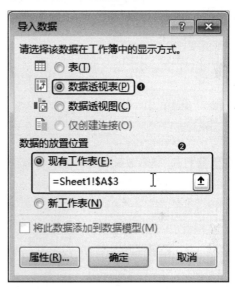

步骤 16 单击"确定"按钮，创建空白数据透视表。在"数据透视表字段"窗格中，勾选相关字段至相应区域，即可完成数据字段的添加操作。

	A	B	C	D
1	供应商名称	(全部)		
2				
3	行标签	求和项:入库数量	求和项:单价(元)	求和项:采购金额
4	⊟11月10日	800	182	38100
5	抛晶砖	420	176	36960
6	网络线	380	6	1140
7	⊟11月11日	24	96	1152
8	接线板	24	96	1152
9	⊟11月12日	48	255	3150
10	电视插座	18	75	450
11	视频线	30	180	2700
12	⊟11月13日	1280	180	57600
13	釉面砖	1280	180	57600
14	⊟11月14日	1040	12	3120
15	网络线	1040	12	3120
16	⊟11月15日	74	105	1650
17	带开关插座	54	75	1350
18	电脑插座	20	30	300
19	⊟11月16日	1380	151	61820
20	仿古砖	560	58	32480
21	护套线	180	3	540
22	釉面砖	640	90	28800

7.5.3 使用Microsoft Access 数据库创建数据透视表

Microsoft Access是Microsoft Office组件中的一款数据分析与管理软件。Access数据文件，可以直接作为外部数据应用到数据透视表中。

步骤 01 新建一个空白工作簿，并将其命名为"文具销售统计"。在"数据"选项卡中，单击"自Access"按钮。

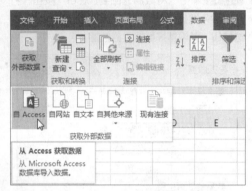

步骤 02 打开"选取数据源"对话框，选择要导入的Access数据文件，单击"打开"按钮。

步骤 03 打开"选择表格"对话框，选择要导入的数据名称，单击"确定"按钮。

步骤 04 在"导入数据"对话框中单击"数据透视表"单选按钮，然后选择数据的放置位置。

步骤 05 单击"确定"按钮，完成空白数据透视表的创建操作。

步骤 06 在"数据透视表字段"窗格中，将所需字段拖至相应的区域，完成数据透视表字段的添加操作。

	A	B	C
1	日期	(多项)	
2			
3	行标签	求和项:销售额	求和项:销售量
4	笔芯/支	180	180
5	订书器/个	360	36
6	鸡毛键/只	280	140
7	铅笔/只	240	120
8	文具盒/个	300	60
9	羽毛球拍/副	750	15
10	中性笔/只	120	80
11	总计	2230	631
12			

操作提示

使用SQL Server数据库创建
在"数据"选项卡中，单击"自其他来源"下拉按钮，选择"来自SQL Server"选项，打开"数据连接向导"对话框，输入登录名和密码，然后根据向导提示进行创建即可。

动手练习 | 创建多区域合并考核报表

本章向用户介绍了应用各种数据源创建数据透视表以及动态报表的创建操作。下面将利用创建多区域报表功能，创建"员工年底考核"统计报表，并对其考核分进行筛选统计。

步骤 01 打开"公司员工年底考核统计"工作簿，依次按下Alt、D、P键，打开"数据透视表和数据透视图向导--步骤1（共3步）"对话框，单击"多重合并计算数据区域"单选按钮。

步骤 02 单击"下一步"按钮，在"数据透视表和数据透视图向导--步骤2a（共3步）"对话框中，单击"自定义页字段"单选按钮，并单击"下一步"按钮。

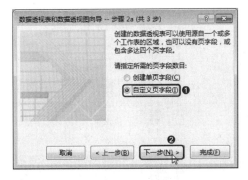

步骤 03 在"数据透视表和数据透视图向导-第2b步，共3步"对话框中，将"财务部"工作表中的数据添加至"所有区域"列表框中，并将字段设置为"财务部"。

步骤 04 按照同样的操作方法，将"人事部"和"销售部"工作表中的数据添加至"所有区域"列表框中，然后分别将字段设为"人事部"和"销售部"。

步骤 05 单击"下一步"按钮，打开"数据透视表和数据透视图--步骤3（共3步）"对话框，保持默认设置，单击"完成"按钮。

步骤 06 将新工作表重命名为"员工年底考核"，将该透视表的计数汇总项设为"求和项"。

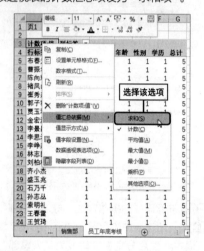

步骤 07 单击"列标签"下拉按钮，取消勾选"部门"、"性别"、"学历"和"年龄"复选框，将其隐藏。

步骤 08 美化数据透视表，然后隐藏行和列总计项。

步骤 09 选中B5:B33单元格区域，在"开始"选项卡中，单击"条件格式"下拉按钮，选择"突出显示单元格规则"选项，并在其子列表中选择"大于"选项。

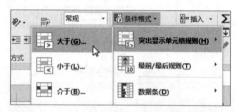

步骤 10 在"大于"对话框中设置筛选条件。

步骤 11 单击"确定"按钮，此时在"考核分"字段下，所有大于320的数据项已全部突显出来。

	A	B	C
4	行标签	考核分	
5	布春光	290	
6	曹振华	260	
7	陈向辉	320	
8	褚凤山	370	
9	崔秀杰	312	
10	郭子睿	335	
11	贾玉利	227	
12	金宏源	264	
13	李景昌	287	
14	李思禾	312	
15	李峥杰	264	
16	林志民	300	
17	刘柏林	270	
18	齐小杰	315	
19	盛玉兆	230	
20	石乃千	255	
21	孙志丛	290	
22	索明礼	300	
23	王春雷	278	
24	王贺琦	330	
25	王甜甜	230	
26	王文天	264	
27	尉俊杰	350	

高手进阶｜创建动态多区域报表

学习了多区域合并报表以及动态报表的创建操作后，为了让创建的多区域报表能够实现动态功能，可将两种功能合并。也就是将数据源先设为动态数据列表，然后再创建多区域合并报表。下面以创建各卖场实木家居销售报表为例，来介绍其具体操作。

1 创建动态数据源

使用定义名称功能创建动态多区域报表的方法与创建动态数据报表的方法相似，都是利用OFFSET函数进行创建。

步骤01 打开"实木家居销售统计"工作簿，可以看到该工作簿中包含了两个销售统计工作表。单击任意单元格，按Ctrl+F3组合键，打开"名称管理器"对话框，单击"新建"按钮。

步骤02 打开"新建名称"对话框，输入名称内容，并在"引用位置"文本框中输入公式：=Offset(家居乐家具城!$B$2,,,Counta(家居乐家具城!$B:$B),Counta(家居乐家具城!$2:$2))。

步骤03 单击"确定"按钮，返回上一层对话框，再次单击"新建"按钮，在打开的对话框中，设置好名称，同时在"引用位置"文本框中输入公式：=Offset(福家乐家居卖场!$B$2,,,Counta(福家乐家居卖场!$B:$B),Counta(福家乐家居卖场!$2:$2)。

步骤04 单击"确定"按钮，返回到上一层对话框，单击"关闭"按钮，完成动态数据的创建操作。

2 创建数据透视表

下面将使用"数据透视表和数据透视图向导"对话框来创建动态多区域报表。

步骤01 依次按下Alt、D和P键，打开"数据透视表和数据透视图向导--步骤1（共3步）"对话框，单击"多重合并计算数据区域"单选按钮。

步骤 02 单击"下一步"按钮，在"数据透视表和数据透视图向导--步骤2a（共3步）"对话框中，单击"自定义页字段"单选按钮，并单击"下一步"按钮。

步骤 03 在"数据透视表和数据透视图向导--第2b步，共3步"对话框的"选定区域"文本框中，输入定义好的名称"数据"，然后单击"添加"按钮，将其添加至"所有区域"列表框中，然后将字段设为"家居乐"。

步骤 04 按照同样的操作方法，将定义好名称的"数据2"数据源添加至"所有区域"列表中，并将其字段设为"福家乐"。

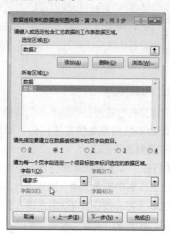

步骤 05 单击"下一步"按钮，在打开的对话框中保持默认设置，单击"完成"按钮，即可创建数据报表。

步骤 06 将新工作表重命名为"各卖场实木家居销售"工作表，然后适当美化报表。

步骤 07 在"家居乐家具城"工作表中新增一项数据。然后在创建的数据透视表中使用刷新功能，即可显示新增数据项。

PowerPivot
让数据关系更简单

PowerPivot For Excel是Excel软件的一个增强版数据分析工具。利用该工具不但可以将多个数据源的数百万行数据导入到Excel工作簿中，还可以轻松的创建数据透视表和数据透视图，从而让数据分析变得简单化。本章将对PowerPivot的基本操作和数据分析的综合应用进行介绍。

本章所涉及的知识要点：

◆ PowerPivot For Excel工具简介

◆ 启用PowerPivot For Excel工具

◆ 在PowerPivot中创建数据透视表

◆ 在PowerPivot中综合分析数据

本章内容预览：

导入Excel数据到PowerPivot中

创建两表关联的数据透视表

8.1 PowerPivot For Excel介绍

本小节将简单介绍一下PowerPivot For Excel操作界面以及使用特点,让用户对该工具有一个全面的认识与了解。

8.1.1 初识PowerPivot For Excel

确切地说PowerPivot For Excel是Excel软件的一个加载项,用于增强Excel数据分析功能。

安装了PowerPivot For Excel后,在Excel功能区中会显示PowerPivot选项卡。在该选项卡中单击"管理"按钮,即可进入PowerPivot For Excel用户界面。

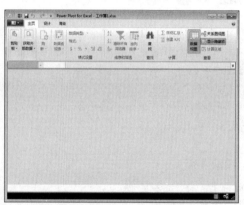

PowerPivot For Excel用户界面分别是由"主页"、"设计"和"高级"3个选项卡组成。下面对这3个选项卡中的命令进行简单介绍。

- **"主页"选项卡:** 该选项卡是由"剪贴板"、"获取外部数据"、"刷新"、"数据透视表"、"格式设置"、"排序和筛选"、"查找"、"计算"以及"查看"9个选项组组成。利用这些命令,用户可对报表中的数据进行分析或筛选。

- **"设计"选项卡:** 该选项卡是由"列"、"计算"、"关系"、"表属性"、"日历"

以及"编辑"6个选项组组成。利用这些命令,用户可对报表的布局进行设置操作。

- **"高级"选项卡:** 该选项卡是由"透视"、"显示隐式度量值"、"汇总方式"、"报表属性"以及"语言"5个选项组组成。利用这些命令,用户可对报表的一些属性进行设置。

8.1.2 PowerPivot For Excel作用及特性

利用PowerPivot工具可将不同的数据源以表格的形式导入,并进行查询和更新数据操作,还可以创建数据透视表及透视图对数据进行快速地分析汇总。

PowerPivot工具最显著的特性有以下几点:

- 运用数据透视表工具以模型的方式组织表格;
- PowerPivot能在内存中储存百万行数据,可轻松突破Excel中1048576行的极限;
- 高效的数据压缩,庞大的数据加载到PowerPivot后只保留原来数据容量的1/10;
- 运用DAX编程语言,可在关系数据库上定义复杂的表达式;
- 能够整合不同来源的所有类型的数据。

8.2 应用PowerPivot For Excel

在对PowerPivot工具有所了解后，下面将向用户介绍如何在Excel工作簿中加载、启用或停用PowerPivot工具以及数据的添加操作。

8.2.1 加载PowerPivot

默认情况下，Excel工作簿是不显示PowerPivot For Excel这一选项卡的。用户需要手动加载该工具。

步骤01 打开Excel软件，在"文件"选项列表中选择"选项"选项。

步骤02 打开"Excel选项"对话框，选择"加载项"选项。

步骤03 单击"管理"下拉按钮，在打开的下拉列表中选择"COM加载项"选项，然后单击"转到"按钮。

步骤04 在"COM加载项"对话框中，勾选Microsoft Power Pivot for Excel复选框。

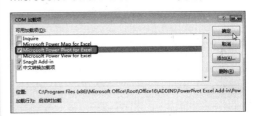

步骤05 单击"确定"按钮，完成加载操作。此时，在Excel功能区中则会显示PowerPivot选项卡。

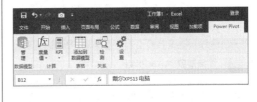

8.2.2 停用与启用PowerPivot

加载了PowerPivot后，如果用户暂时用不到该工具，可将其停用，有需要，则再次启用。

步骤01 在"文件"选项列表中选择"选项"选项，打开"Excel选项"对话框。

步骤 02 选择"自定义功能区"选项，在右侧"自定义功能区"列表中取消勾选PowerPivot复选框。

步骤 03 单击"确定"按钮关闭对话框，即可停用该工具。此时在Excel功能区中将不显示相关选项卡。

操作提示

💡 **无法加载PowerPivot**
在"COM加载项"对话框中，如果没有PowerPivot加载项时，则说明当前电脑中尚未安装该工具。用户只需到Microsoft网站中下载相应的版本，并进行安装即可。

如果想再次启用PowerPivot工具，只需在"Excel选项"对话框的"自定义功能区"列表中，勾选PowerPivot复选框即可启用。

8.2.3　向PowerPivot添加数据

要利用PowerPivot创建数据透视表或数据透视图，必须先向PowerPivot中添加数据。

1 链接本工作簿内的数据

用户如果将当前Excel工作簿内的数据导入至PowerPivot中，可通过以下方进行操作。

步骤 01 在当前工作表中单击任意单元格，在PowerPivot选项卡中单击"添加到数据模型"按钮。

步骤 02 打开"创建表"对话框，确认数据表区域后，勾选"我的表具有标题"复选框。

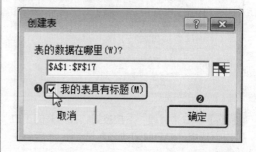

步骤 03 单击"确定"按钮，打开PowerPivot操作界面。此时原工作表中的数据区域已被自动链接到"表1"中。

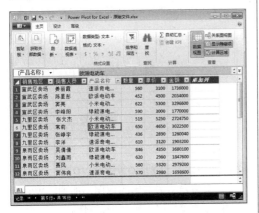

2 链接外部数据

PowerPivot不仅可链接当前工作簿中的数据，还可以链接外部数据。

步骤 01 新建空白工作表，在PowerPivot选项卡中单击"管理"按钮，然后在PowerPivot工作界面中单击"从其他源"按钮。

步骤 02 打开"表导入向导"对话框，选择"Excel文件"选项。

步骤 03 单击"下一步"按钮后，单击"浏览"按钮，"打开"对话框，选择要链接的数据表文件。

步骤 04 单击"打开"按钮，返回上一层对话框，勾选"使用第一行作为列标题"复选框，单击"下一步"按钮。

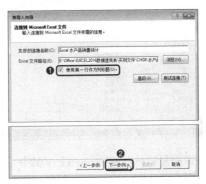

步骤 05 在"表导入向导"对话框中，保持默认设置不变，单击"完成"按钮。

步骤 06 稍等片刻，在"表导入向导"对话框中，系统会显示导入成功的相关信息。

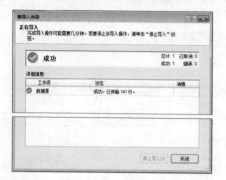

步骤 07 关闭当前对话框，完成外部数据导入操作，查看导入外部数据的效果。

3 将数据复制粘贴到PowerPivot中

使用复制粘贴命令，将数据导入到PowerPivot中是最便捷的方法。

步骤 01 在Excel表格中选择需导入的数据区域并右击，在快捷菜单中选择"复制"命令。在PowerPivot选项卡中，单击"管理"按钮，打开PowerPivot工作界面，单击"粘贴"按钮。

步骤 02 在"粘贴预览"对话框中修改"表名称"内容，单击"确定"按钮即可。

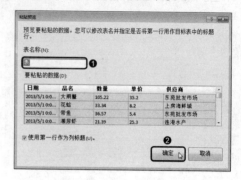

4 添加指定数据到PowerPivot中

如果需要将筛选出的数据添加到Power-Pivot中，可通过以下方法进行操作。

步骤 01 执行"2. 链接外部数据"步骤01~步骤04的操作。在"表导入向导-选择表和视图"对话框中，勾选所需数据表，然后单击"预览并筛选"按钮。

步骤 02 在"表导入向导-预览所选表"对话框中，单击所需列的下拉按钮，在打开的筛选列表中勾选需要的复选框，单击"确定"按钮即可。

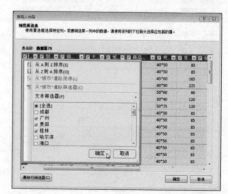

8.3 在PowerPivot中创建数据透视表

当数据添加至PowerPivot后，用户就可以利用该工具来创建数据透视表了。本小节将介绍数据透视表在PowerPivot中的应用操作。

8.3.1 使用PowerPivot创建数据透视表

下面将以创建"水产品采购汇总"数据透视表为例，介绍具体的创建方法。

步骤 01 打开"原始文件"工作簿中的"数据源"工作表，在PowerPivot选项卡中，单击"添加到数据模型"按钮，导入数据至Power-Pivot工作界面中。

步骤 02 单击"数据透视表"下拉按钮，在下拉列表中选择"数据透视表"选项。

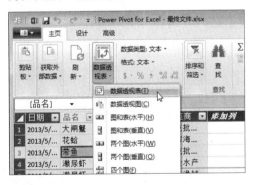

步骤 03 在"创建数据透视表"对话框中，保持默认选项不变单击"确定"按钮，即可创建空白数据透视表。

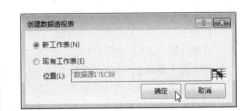

步骤 04 在"数据透视表字段"窗格中，单击"采购明细表"折叠按钮，展开相应的字段。勾选字段至相应的区域，即可完成数据透视表的创建操作。

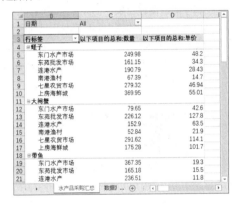

8.3.2 PowerPivot数据透视表选项

在PowerPivot工作界面中，单击"数据透视表"下拉按钮，在打开的下拉列表中有8种布局方式供用户选择。下面将分别对这8种方式进行简单说明。

- **数据透视表**：在新的工作表或选择的工作表中创建空白数据透视表；
- **数据透视图**：在新的工作表或选择的工作表中创建空白数据透视图；
- **图和表（水平）**：在新的工作表或选择的工作表中创建一个空白的数据透视表和数据透视图，并将其并排放置。透视图和透

153

视表中的数据是相互独立的；

- **图和表（垂直）：** 在新的工作表或选择的工作表中创建一个空白的数据透视表和数据透视图，并将透视图放置在透视表的上方，以后无法更改位置。其中透视图和透视表中的数据是相互独立的；

- **两个图（水平）：** 在新的工作表或选择的工作表中创建两个空白数据透视图，并将其并排放置，且两张透视图是相互独立的；

- **两个图（垂直）：** 在新的工作表或选择的工作表中创建两个空白的数据透视图，并将两张透视图垂直放置，以后无法更改位置，同时两张透视图是相互独立的；

- **四个图：** 在新的工作表或选择工作表中创建四个空白数据透视图，而且四张透视图都是相互独立的；

- **扁平的数据透视表：** 创建一个空白数据透视表，为添加的每个字段添加一个新列，并在每组后插入一个Totals行，而不是将一些数据值排列为列标题并将其他数据值排列为行标题。

8.3.3 创建两表关联的数据透视表

如果想将两张不同的数据表关联起来创建一张数据透视表，使该数据透视表具有两张表字段，使用PowerPivot可轻松实现其操作。

步骤 01 打开"装饰画销售统计"工作簿，单击"成本统计"工作表任意单元格，在PowerPivot选项卡中，单击"添加到数据模型"按钮，将"成本统计"数据表导入PowerPivot中。

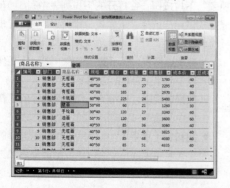

步骤 02 按照同样的方法，将"销售统计"工作表中的数据导入至PowerPivot中。

步骤 03 在"主页"选项卡中，单击"数据透视表"按钮，创建一张空白的数据透视表。

步骤 04 将"表1"中的"商品名称"字段移至"行"区域，并将"销售额"和"总成本"移至"值"区域。

行标签	以下项目的总和:销售额	以下项目的总和:总成本
壁画	51480	25740
卡纸画	206550	119340
手绘画	58320	29160
无框画	139740	65760
油画	21240	10620
有框画	89595	43440
总计	566925	294060

步骤 05 将"表2"中的"大区"字段移至"行"区域。此时系统会弹出"可能需要表之间的关系"的提示，单击"创建"按钮。

单击

步骤 06 在"创建关系"对话框中，将"表"设为"数据模型表：表1"；将"列（外来）"设为"编号"；将"相关表"设为"数据模型表：表2"；同时将"相关列（主要）"设为"编号"。

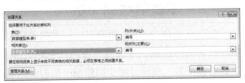

步骤 07 单击"确定"按钮，即可完成数据透视表的创建操作。此时可以看到两张表中的字段已汇总到一张数据透视表中。

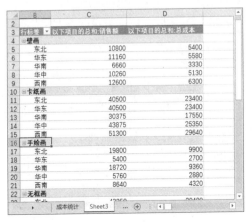

8.3.4　使用PowerPivot添加迷你图

使用PowerPivot不仅可以创建数据透视表，还可为数据透视表添加迷你图。

步骤 01 打开"数据源1"工作表。在Power-Pivot选项卡中，单击"添加到数据模型"按钮，将该数据源导入至PowerPivot中。单击"数据透视表"按钮，创建数据透视表，并将其字段移至相应的区域中。

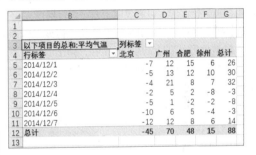

步骤 02 选择C13:F13单元格区域，在"插入"选项卡中单击"折线"按钮。打开"创建迷你图"对话框，设置数据范围和位置范围。

步骤 03 单击"确定"按钮，即可完成迷你图的创建操作。

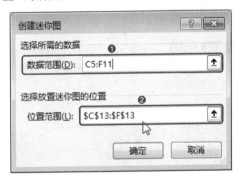

8.4 使用PowerPivot综合分析数据

掌握了如何在PowerPivot中创建数据透视表后，接下来可应用创建的数据透视表对数据进行综合统计分析，例如对数据进行分类汇总、统计不重复数据个数、添加计算字段等。

8.4.1 使用PowerPivot汇总数据

如果想利用PowerPivot对数据表中的某一类数据进行汇总，可通过以下方法进行操作。

步骤01 打开"数据源2"工作表，将该工作表中的数据导入到PowerPivot中，单击"数据透视表"按钮，即可在新工作表中插入一张空白的数据透视表。

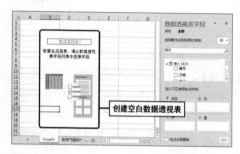

步骤02 将该工作表命名为"各地区装饰画销售汇总"，在"数据透视表字段"窗格中，将字段移至合适的区域。

步骤03 适当美化数据透视表，完成按地区分类

汇总操作。

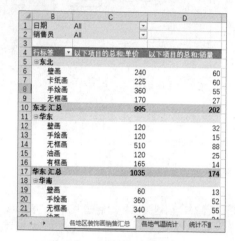

8.4.2 使用PowerPivot统计不重复数据个数

在PowerPivot中，用户可以对数据透视表中的数据进行计算。下面将通过PowerPivot创建数据透视表，来统计每个销售员一段时间内服务客户的人数为例。

步骤01 打开"数据源3"工作表，在Power-Pivot选项卡中单击"添加到数据模型"按钮，将"数据源1"导入至PowerPivot中。

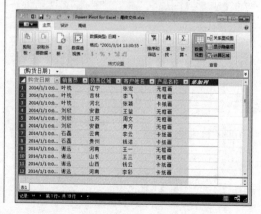

步骤 02 在"主页"选项卡中单击"数据透视表"按钮，创建数据透视表。将"销售员"字段拖至"行"区域。

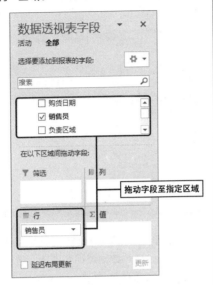

步骤 03 在PowerPivot选项卡中单击"度量值"下拉按钮，选择"新建度量值"选项。

步骤 04 打开"度量值"对话框，将"度量值名称"设为"客户人数"，在"公式"文本框中输入公式"Countrows(distinct（'表1'[客户姓名]))"，单击"确定"按钮。

步骤 05 此时中数据透视表自动统计了每个销售员服务的客户人数。

	A	B
1		
2	行标签	客户人数
3	方强	6
4	刘欣	3
5	石磊	2
6	谢远	5
7	叶枕	3
8	总计	19

8.4.3 使用PowerPivot统计数据比值

下面将以设置值显示的方式，统计出各部门男女比值。

步骤 01 打开"数据源4"工作表，将其中的数据导入PowerPivot中。

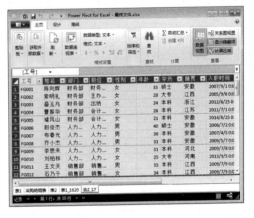

步骤 02 单击"数据透视表"下拉按钮，选择"数据透视表"选项，插入空白数据透视表，然后将字段拖至相关区域。

步骤 03 数据透视表创建完成后，右击数据区域任意单元格，在快捷菜单中选择"值显示方式"命令，并在其子菜单中选择"父行汇总的百分比"选项。

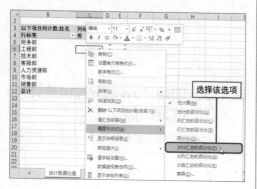

步骤 04 此时，在数据透视表中显示了各部门男女比值。

	B	C	D	E
2				
3	以下项目的计数:姓名	列标签		
4	行标签	男	女	总计
5	财务部	0.00%	100.00%	100.00%
6	工程部	83.33%	16.67%	100.00%
7	技术部	80.00%	20.00%	100.00%
8	客服部	0.00%	100.00%	100.00%
9	人力资源部	60.00%	40.00%	100.00%
10	市场部	54.55%	45.45%	100.00%
11	销售部	64.29%	35.71%	100.00%
12	总计	54.00%	46.00%	100.00%
13				

步骤 05 选中比值区域并右击，选择"设置单元格格式"命令，在打开的对话框中，将"小数位数"设为0，单击"确定"按钮，完成比值格式的设置操作。然后根据需要，适当美化数据透视表。

	B	C	D	E
2				
3	以下项目的计数:姓名	列标签		
4	行标签	男	女	总计
5	财务部	0%	100%	100%
6	工程部	83%	17%	100%
7	技术部	80%	20%	100%
8	客服部	0%	100%	100%
9	人力资源部	60%	40%	100%
10	市场部	55%	45%	100%
11	销售部	64%	36%	100%
12	总计	54%	46%	100%

8.4.4 使用PowerPivot进行条件筛选统计

下面将以统计成绩为100分的学生姓名及总人数为例，来介绍如何利用PowerPivot进行数据筛选操作。

步骤 01 打开"原始文件"工作簿中的"数据源5"工作表。在PowerPivot选项卡中单击"添加到数据模型"按钮，将数据表导入Power-Pivot中。

步骤 02 单击"数据透视表"按钮，创建空白数据透视表，在"数据透视表字段"窗格中，将"姓名"字段移动至"行"区域中。

步骤 03 单击"新建度量"按钮，打开"度量值"对话框，将"度量值名称"设为"数学100分"，并在"公式"文本框中输入公式。

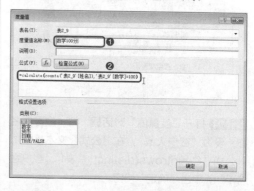

步骤 04 单击"确定"按钮关闭对话框，完成条件筛选操作。此时数据透视表中已显示数学分为100分的学生姓名及总人数。

	B	C	D
2			
3	姓名	数学100分	
4	方晴	1	
5	章栏	1	
6	周文花	1	
7	总计	3	
8			

动手练习 | 利用PowerPivot分析报表

本章向用户介绍了PowerPivot加载项的相关操作，下面以创建并分析"服装供货统计"报表数据为例，来巩固本章所学的知识点。

步骤 01 打开"服装供货统计"工作簿，单击数据表中任意单元格，在PowerPivot选项卡中单击"添加到数据模型"按钮，将数据表导入PowerPivot中。

步骤 02 单击"数据透视表"按钮，在"创建数据透视表"对话框中保持默认设置不变，单击"确定"按钮。创建空白数据透视表后，将新工作表命名为"统计进货价"。

步骤 03 在"数据透视表字段"窗格中，将所需字段拖至相关区域中。

步骤 04 修改字段名称，并适当美化创建的数据透视表。

	B	C	D	E
2				
3	商品名称	单价	数量	
4	衬衣	151	310	
5	风衣	413	870	
6	连衣裙	306	580	
7	牛仔裤	206	1020	
8	套裙	459	530	
9	总计	1535	3310	

步骤 05 在PowerPivot选项卡中单击"度量值"下拉按钮，选择"新建度量"选项。

步骤 06 在"度量值"对话框中设置"度量值名称"为"进货价"，在"公式"文本框中输入公式。

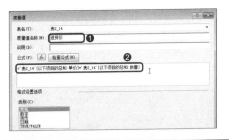

操作提示

💡 **什么是DAX表达式**

DAX表达式是一种公式的语言，允许用户在PowerPivot表和Excel数据透视表中定义自定义计算。DAX包含一些在Excel公式中使用的函数、时间智能函数等。

步骤 07 单击"确定"按钮，完成"进货价"计算字段的添加操作。将该字段中的所有数据项格式设为"数值"，并添加千位分隔符。

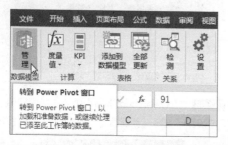

	B	C	D	E
2				
3	商品名称	单价	数量	进货价
4	衬衣	151	310	46,810
5	风衣	413	870	359,310
6	连衣裙	306	580	177,480
7	牛仔裤	206	1020	210,120
8	套裙	459	530	243,270
9	总计	1535	3310	5,080,850
10				

步骤 08 在PowerPivot选项卡中单击"管理"按钮,打开PowerPivot工作界面。

步骤 09 再次单击"数据透视表"按钮,创建新的数据透视表。在"数据透视表字段"窗格中将所需字段拖至相关区域。

步骤 10 将新工作表标签重命名为"比较进货单价",修改字段名称,然后适当美化报表。

	B	C	D	E
2				
3	单价	供货市场		
4	商品名称	安庆服装批发市场	合肥白马	总计
5	衬衣	60	91	151
6	风衣	160	253	413
7	连衣裙	186	120	306
8	牛仔裤	128	78	206
9	套裙	180	279	459
10	总计	714	821	1535
11				

步骤 11 在PowerPivot选项卡中单击"度量值"下拉按钮,选择"新建度量"选项,打开"度量值"对话框,设置"度量值名称"为"最低单价";在"公式"文本框中,输入公式"=MINX('表2_14','表2_14'[单价])"。

步骤 12 单击"确定"按钮,完成"最低单价"计算字段的添加操作。在"数据透视表字段"窗格中取消勾选"单价"复选框,调整报表字段显示方式。

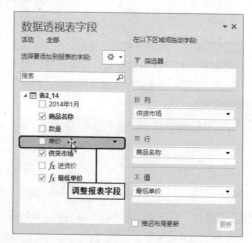

步骤 13 关闭"数据透视表字段"窗格,完成报表中数据的添加操作。

	B	C	D	E
2				
3	最低单价	供货市场		
4	商品名称	安庆服装批发市场	合肥白马	总计
5	衬衣	28	30	28
6	风衣	78	80	78
7	连衣裙	60	58	58
8	牛仔裤	40	38	38
9	套裙	88	90	88
10	总计	28	30	28
11				

高手进阶 | 在数据透视表中添加KPI标记

关键绩效指标（KPI）是基于特定的计算字段，用于帮助用户根据定义的目标快速计算指标的当前值和状态。下面介绍在数据透视表中添加KPI标记的操作方法。

❶ 添加"完成率"字段

完成率是指实际完成值与计划完成值的比值。下面以统计完成率数据透视表为例，介绍如何通过PowerPivot添加"完成率"计算字段。

步骤 01 打开"员工销售统计"工作簿，在"销售统计"工作表中单击任意单元格，在Power-Pivot选项卡中单击"添加到数据模型"按钮，将该工作表数据导入至PowerPivot中。

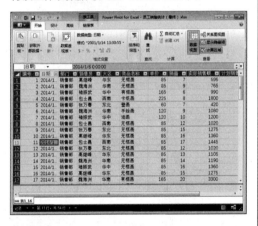

步骤 02 单击"数据透视表"按钮，创建空白数据透视表。

创建空白数据透视表

步骤 03 在"数据透视表字段"窗格中，将所需字段移动至相关区域中。

步骤 04 设置完成后，将字段名称重命名，并适当美化创建的数据透视表。

	B	C	D
1			
2			
3	员工	实际销售额	计划销售额
4	包士昌	31760	31000
5	褚振武	20780	21000
6	高继峰	16510	15600
7	魏海洲	22000	21300
8	张万春	25995	25000
9	总计	117045	113900

步骤 05 选择该数据透视表中的任意单元格，在PowerPivot选项卡中，单击"度量值"下拉按钮，选择"新建度量"选项，打开"度量值"对话框。

步骤 06 在该对话框中，设置"度量值名称"为"完成率"，在"公式"文本框中输入公式。

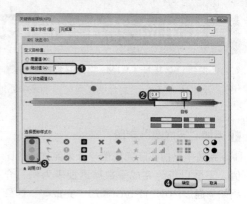

步骤 07 单击"确定"按钮，完成"完成率"字段的添加操作。选中该字段所有数据，将其"数字格式"设为"百分比"。

	B	C	D	E
1				
2				
3	员工 ▼	实际销售额	计划销售额	完成率
4	包士昌	31760	31000	102%
5	褚振武	20780	21000	99%
6	高继峰	16510	15600	106%
7	魏海洲	22000	21300	103%
8	张万春	25995	25000	104%
9	总计	117045	113900	103%
10				

2 添加KPI标记

下面将为数据透视表中的"完成率"字段添加KPI标记，具体操作如下。

步骤 01 在数据透视表中单击任意单元格，在PowerPivot选项卡中，单击KPI下拉按钮，选择"新建KPI"选项。

步骤 02 打开"关键绩效指标（KPI）"对话框，选中"绝对值"单选按钮，并将其参数设为1。将"定义状态阈值"分别设为0.8和1，并选择满意的图标样式。

步骤 03 单击"确定"按钮，在"数据透视表字段"窗格中可以看到完成率字段下多了三个小字段，勾选"状态"复选框。

步骤 04 返回数据透视表编辑区，即可看到数据透视表中多了KPI标记，这样可以非常直观地显示销售任务的完成情况。

操作提示

💡 **度量值说明**

度量值是用于使用PowerPivot数据的数据透视表而专门创建的公式。度量值可以基于标准聚合函数，也可以通过使用DAX定义自己的公式。

09

163~184

Chapter

数据透视表的图形化展示

数据透视表能够轻松地对工作表中的数据进行汇总分析，但如果透视表中的数据太多，往往不利于用户读取。运用数据透视图将最终的汇总结果以图表的方式展示出来，让数据展示变得更直观。本章将向用户介绍数据透视图的创建和使用方法。

本章所涉及的知识要点：

◆ 数据透视图的基本操作

◆ 分析数据透视图

◆ 将数据透视图转换为静态图表

◆ 应用PowerPivot创建数据透视图

◆ 在数据透视表中插入迷你图

本章内容预览：

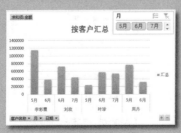

使用切片器筛选数据透视图

在数据透视表中创建迷你图

9.1 使用数据透视图

本小节将介绍数据透视图的一些基本操作，包括数据透视图的创建、移动并调整透视图大小、显示/隐藏数据透视图、刷新数据透视图以及数据透视图布局的调整等操作。

9.1.1 创建数据透视图

数据透视图的创建方法有很多种，用户可根据需要进行选择，下面介绍3种常用的创建方法。

1 根据数据透视表创建数据透视图

利用创建好的数据透视表来创建透视图是最常用的方法之一。用户只需在"插入图表"对话框中进行相关操作即可，具体如下。

步骤01 打开"数据透视表1"工作表，选中任意单元格，在"分析"选项卡中单击"数据透视图"按钮。

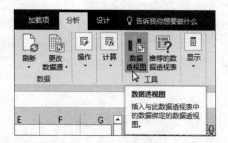

步骤02 打开"插入图表"对话框，选择图表的类型，这里选择"簇状柱形图"类型。

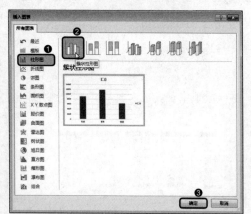

步骤03 单击"确定"按钮，即可完成数据透视图的创建操作。

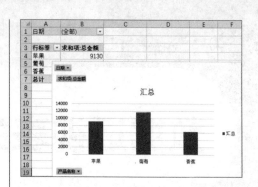

2 同时创建数据透视表和数据透视图

用户可以直接根据数据源同时创建数据透视表及透视图，具体操作如下。

步骤01 在数据源表中选择任意单元格，在"插入"选项卡中单击"数据透视图"下拉按钮，选择"数据透视图"选项。

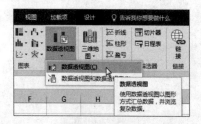

步骤02 打开"创建数据透视图"对话框，设置数据区域及数据透视图位置。

步骤 03 单击"确定"按钮，此时在新工作表中会显示空白数据透视表及数据透视图。

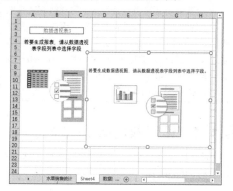

步骤 04 在"数据透视图字段"窗格中勾选所需字段，完成数据透视图的创建操作，与此同时，数据透视表也会有相应的变化。

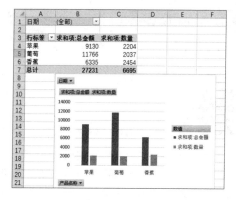

❸ 通过F11功能键创建数据透视图

选中数据透视表中任意单元格，按F11功能键，系统将自动创建一张以Chart1命名的工作表，同时插入一张默认的数据透视图。用户可在"数据透视图字段"窗格中，对数据透视图中的数据项进行设置。

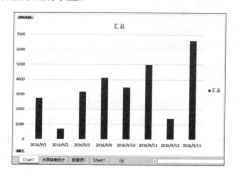

9.1.2　移动并调整数据透视图大小

数据透视图创建完成后，用户可对其大小和位置进行调整。

❶ 移动数据透视图

选中数据透视图，在"分析"选项卡中单击"移动图表"按钮，打开"移动图表"对话框，单击"对象位于"右侧下拉按钮，选择所需工作表名称，单击"确定"按钮，即可完成数据透视图的移动操作。

用户也可以右击数据透视图，在打开的快捷菜单中选择"移动图表"命令，同样也可以打开"移动图表"对话框，并进行设置操作。

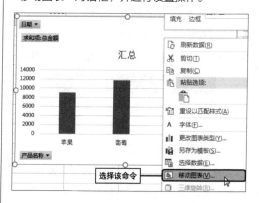

使用剪切和粘贴的方法，也可以移动数据透视图。选中需要移动的数据透视图，按Ctrl+X组合键，执行剪切操作，然后在所需工作表的合适位置按Ctrl +V组合键，执行粘贴操作，即可移动数据透视图。

❷ 调整数据透视图大小

数据透视图的大小可以根据用户的需求进行调整。选择需要调整的数据透视图，将光标放置在透视图边框任意一个控制点上，当光标呈双向箭头时，按住鼠标左键拖动至合适位置，放开鼠标即可调整透视图的大小。

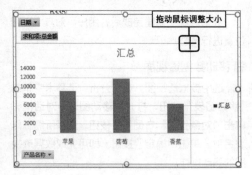

用户还可以在"格式"选项卡的"大小"选项组中，设置高度和宽度值，同样也可调整透视图的大小。

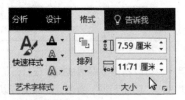

9.1.3　刷新数据透视图

选择要刷新的数据透视图，在"分析"选项卡中单击"刷新"按钮，即可进行数据刷新操作。

用户还可以右击需要刷新的数据透视图，在打开的快捷菜单中选择"刷新数据"命令，同样可以执行刷新操作。

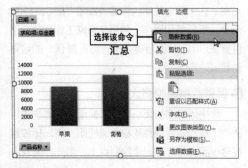

9.1.4　设置数据透视图样式

创建数据透视图后，用户可以根据需要调整数据透视图的样式。

❶ 应用图表样式快速美化数据透视图

在"设计"选项卡的"图表样式"列表中，用户可根据需要选择所需的图表外观样式选项。

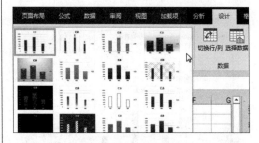

用户可以单击"更改颜色"按钮，对透视图的颜色进行设置。选中需要更改颜色的数据透视图，在"设计"选项卡中单击"更改颜色"下拉按钮，在打开的下拉列表中选中合适的颜色即可更换当前数据项的颜色。

❷ 设置数据透视图及绘图区域底色

右击数据透视图的图表区域，在快捷菜单中选择"设置图表区域格式"命令，打开"设置图表区格式"窗格。

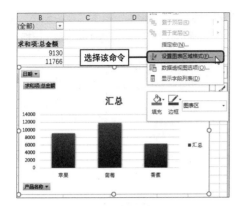

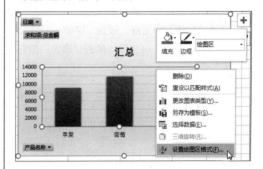

操作提示

使用主题样式设置数据透视图

在"页面布局"选项卡中,单击"主题"下拉按钮,在打开的主题列表中选择某一款主题样式,即可更改当前数据透视图样式。

在该窗格的"填充"选项区域中,单击"纯色填充"单选按钮,然后单击"颜色"下拉按钮,在打开的颜色列表中选中满意的颜色,即可为当前数据透视图的图表区域添加底色。

在数据透视图中,右击绘图区域,在打开的快捷菜单中选择"设置绘图区格式"命令,打开"设置绘图区格式"窗格。

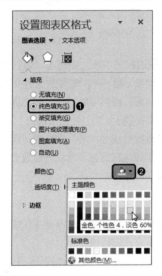

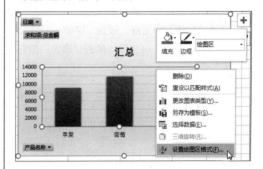

在该窗格中的"填充"选项区域中,选择填充的类型,然后单击"颜色"下拉按钮,选择所需的填充颜色,即可为数据透视图的绘图区域添加底色。

切换至"格式"选项卡,在"形状样式"选项组中单击"其他"按钮,在打开的样式列表中选择一款满意的样式,同样可为图表区域添加底色。

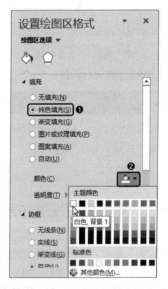

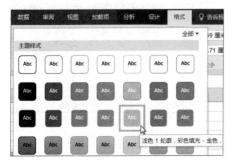

❸ 设置数据透视图字体格式

在数据透视图中,用户可对图表的字体格式进行设置。在数据透视图中,右击需要设置的文字,在快捷菜单中选择"字体"命令。

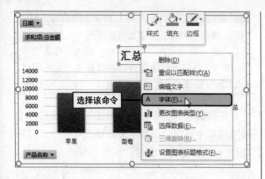

打开"字体"对话框，设置"字体"、"字体样式"以及"大小"等参数，单击"确定"按钮即可。

用户也可在"开始"选项卡的"字体"选项组中，对图表的字体进行设置。

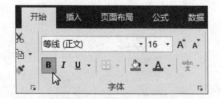

9.1.5 调整数据透视图布局

数据透视图的布局与普通图表布局相似，通过相应的设置，即可完成对其布局的调整。数据透视图的布局与数透视表的布局是相关联的，当数据透视表布局发生改变后，其对应的透视图也会随之发生相应的变化。

❶ 显示/隐藏数据透视图字段窗格

选中数据透视图后，在"分析"选项卡的"显示/隐藏"选项组中，单击"字段列表"按钮，即可显示或关闭"数据透视图字段"窗格。

"数据透视图字段"窗格与"数据透视表字段"窗格相似。唯一不同的是数据透视图将"数据透视表字段"窗格中的"行"和"列"区域更换成"轴（类别）"和"图例（系列）"。

在"数据透视图字段"窗格中，用户可根据需要对其字段进行调整，方法与设置数据透视表字段一致。

❷ 显示/隐藏字段按钮

想要在数据透视图中对某些字段进行隐藏，可通过以下方法进行操作。

步骤 01 选中需调整的数据透视图，在"分析"选项卡的"显示/隐藏"选项组中单击"字段按钮"下拉按钮，在打开的列表选择相应的选项，这里选择"显示值字段按钮"选项。

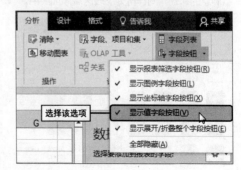

步骤02 此时，数据透视图中的值字段按钮将被隐藏。

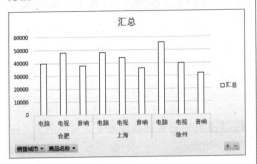

步骤03 在"字段按钮"下拉列表中再次选择"显示值字段按钮"选项，则该字段按钮将会显示在数据透视图的左上角。

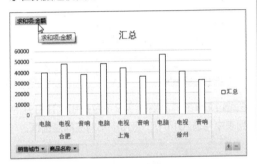

在"字段按钮"下拉列表中如果选择"全部隐藏"选项，则数据透视图中的所有字段按钮将被隐藏。

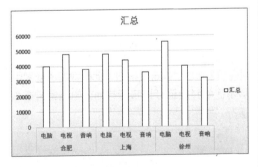

3 切换数据行/列显示

在"设计"选项卡中单击"切换行/列"按钮，可将数据透视图的图例项与水平轴标签互换显示。

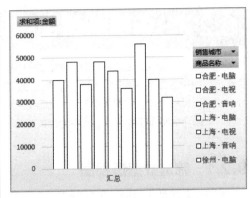

用户还可以在数据透视图中右击绘图区，在快捷菜单中选择"选择数据"命令，打开"选择数据源"对话框，单击"切换行/列"按钮，同样可以实现数据行和列的互换显示。

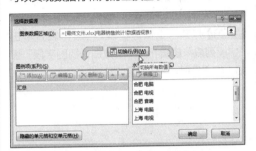

操作提示

💡 **使用"数据透视图字段"窗格切换数据行/列**
除了以上介绍的切换数据行/列方法外，还可以利用"数据透视图字段"窗格进行设置。在该窗格的"轴（类别）"区域中，将字段拖曳至"图例（系列）"区域。同样在"轴（类别）"中，单击字段下拉按钮，在快捷菜单中选择"移到图例字段（系列）"命令，也可实现数据行/列互换操作。

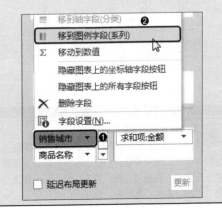

9.2 分析数据透视图

正因为数据透视图与数据透视表之间是相互关联的，所以数据透视表中的数据一旦有更改，其透视图中的数据也会随之相应的改变。要对数据透视图中的数据进行分析筛选，一般有两种方法，一是利用数据透视表中的筛选功能进行操作；二是直接在数据透视图中进行相应的筛选操作。下面介绍如何在数据透视图中进行数据筛选操作。

9.2.1 筛选数据透视图

在数据透视图中，用户可根据需要单击相应的字段按钮，在打开的下拉列表中选择相应的筛选选项，即可完成筛选操作。

下面将以"销售金额汇总"数据透视图为例，来介绍如何筛选出徐州市1月1日~1月5日电器销售统计。

步骤 01 打开"数据透视表2"工作表，单击"字段列表"按钮，打开"数据透视图字段"窗格，将"日期"字段移至"筛选"区域。

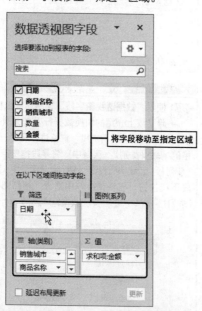

操作提示

隐藏多余数据系列

在数据透视图中如果存在多余的数据系列，可将其隐藏。选中要隐藏的数据系列，在"设置数据系列格式"窗格中，将"填充"设为"无填充"，将"边框"设为"无线条"即可。

步骤 02 此时在数据透视图左上角显示了"日期"字段按钮。

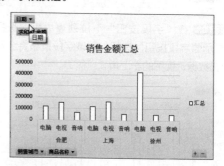

步骤 03 单击"日期"字段下拉按钮，在打开的列表中勾选2014/1/1~2014/1/5对应的复选框。

步骤 04 单击"确定"按钮，此时数据透视图中显示了1月1日至1月5日所有地区电器销售汇总情况。

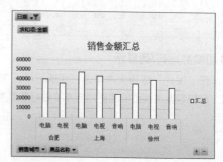

步骤 05 在数据透视图中，单击左下角的"销售城市"字段按钮，在打开的列表中只勾选"徐州"复选框。

步骤 06 单击"确定"按钮，完成筛选操作。

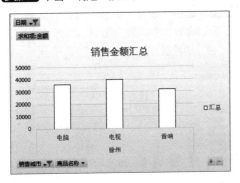

步骤 07 在"设计"选项卡中，单击"添加图表元素"下拉按钮，选择"数据标签"选项，并在子列表中选择"数据标签外"选项。

步骤 08 选择完成后，即可为数据系列添加数据标签并查看效果。

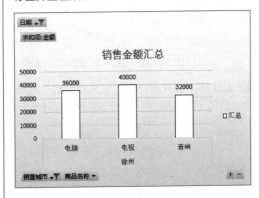

步骤 09 与此同时，该透视图对应的数据透视表也发生了变化。

9.2.2 对单张数据透视图进行筛选

下面将介绍如何使用切片器对数据透视图中的数据进行筛选操作。

步骤 01 打开"数据透视表3"工作表单击"插入"选项卡的"切片器"按钮，在"插入切片器"对话框中勾选"销售地区"复选框，单击"确定"按钮。

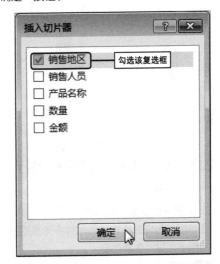

步骤 02 选中插入的切片器，在"选项"选项卡的"按钮"和"大小"选项组中，设置切片器的大小。

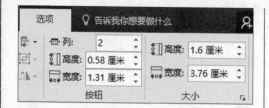

步骤03 选中切片器，在"切片器样式"列表中，选择一款满意的切片器样式来美化切片器。

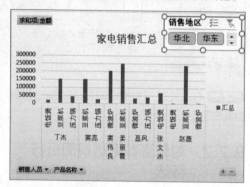

步骤04 在"销售地区"切片器中，单击"华东"字段，此时数据透视图将会显示华东地区家电销售汇总情况。

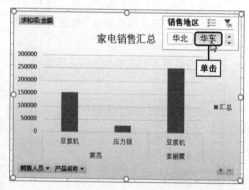

9.2.3 对多张数据透视图进行筛选

在数据透视图中，切片器不仅具有筛选功能，还可以作为媒介，连接两张或多张数据透视图，从而使数据发生联动变化。

步骤01 打开"数据透视表4"工作表，可以看到该工作表中分别显示了两张数据透视图。

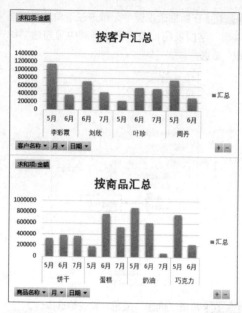

步骤02 选中"按客户汇总"数据透视图，在"分析"选项卡中单击"插入切片器"按钮，插入"月"切片器。

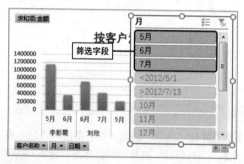

步骤03 选中该切片器，设置其样式及大小，并放置在合适的位置。

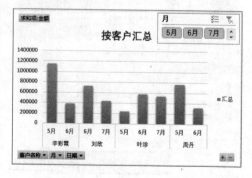

步骤 04 右击切片器，在打开的快捷菜单中选择"报表连接"命令。

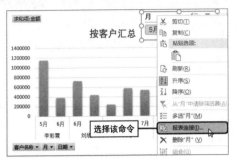

步骤 05 在"数据透视表连接（月）"对话框中，勾选"数据透视表4"复选框。

步骤 06 单击"确定"按钮，完成两张数据透视表的连接操作。

步骤 07 在切片器中单击"5月"字段，此时两张数据透视图会同步显示5月份的相关数据信息。

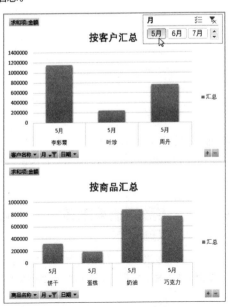

9.2.4 对数据透视图进行多条件筛选

切片器不仅可快速筛选数据，用户还可使用多个切片器进行联动筛选操作。下面将以筛选公司安徽籍、本科学历的男员工为例，来介绍具体的操作步骤。

步骤 01 打开"数据透视表5"工作表，单击"插入切片器"按钮，分别插入"籍贯"、"学历"和"性别"3个切片器。

步骤 02 在"籍贯"切片器中，单击"安徽"字段；在"学历"切片器中，单击"本科"字段；在"性别"字段中，单击"男"字段。

步骤 03 此时数据透视图中显示了筛选的结果。

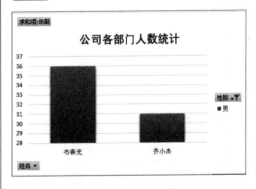

9.3 将数据透视图转换为静态图表

在默认情况下,数据透视图是随着数据透视表的变化而变化的,当用户会需要一张不受数据透视表变动影响的图表时,可将该透视图转换为静态图表。本小节将介绍如何将动态图表转换为静态图表的4种操作方法。

9.3.1 将数据透视图转换为图片或图形

将动态图表转换为图片形式是最便捷的操作方法,具体如下。

步骤 01 右击数据透视图,在打开的快捷菜单中选择"复制"命令。

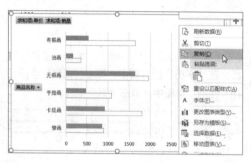

步骤 02 右击空白单元格,在快捷菜单中选择"选择性粘贴"命令。

操作提示

💡 **动态图表转换为图片的优缺点**

将动态图表转换成图片的优点是操作便捷,可以将图表以图片的形式通过网络传递,或者将其放入Word文档中。而缺点是无法更改图表中的数据项。

步骤 03 在"选择性粘贴"对话框的"方式"列表框中,选择所需图片类型。

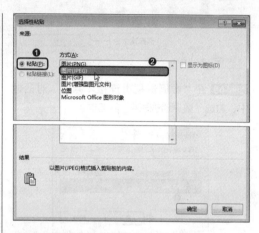

步骤 04 单击"确定"按钮,即可完成将数据透视图转换为图片的操作。

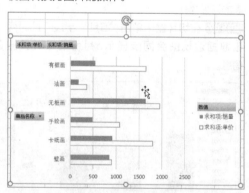

步骤 05 此时若在"数据透视图字段"窗格对透视图中的字段进行调整,该图表则不会发生任何变化。

9.3.2 将数据透视表转换为普通数据报表

将数据透视图转换为静态图表后,如果想要保留数据透视表的数据,可将该透视表转换为普通报表。

步骤 01 选中整张数据透视表，单击鼠标右键，在快捷菜单中选择"复制"命令。

步骤 02 右击空白单元格，在快捷菜单中选择"选择性粘贴"命令，在其子菜单中选择"粘贴数值"类型下的"值（Ｖ）"选项。

步骤 03 此时数据透视表已转换成普通表格。

12	行标签	求和项:单价	求和项:销量
13	壁画	900	858
14	卡纸画	1800	918
15	手绘画	1080	486
16	无框画	1955	1644
17	油画	360	177
18	有框画	1650	543
19	总计	7745	4626

该方法保留了数据透视表中数据的完整性，同时又实现了静态图表的转换操作，但数据透视表已转换为普通表格，从而失去了数据透视表的特性。

9.3.3　删除数据透视表但保留数据透视图

用户也可以直接删除相应的数据透视表，只保留数据透视图，从而实现静态图表的转换操作。

选中数据透视表，按Delete键删除该透视表即可。此时数据透视图仍然存在，但是数据透视图中的数据系列已成为普通数据形式，形成了静态图表。

9.3.4　断开数据透视表与数据透视图之间的链接

如果用户既想保留数据透视表的特性，又想将透视图转换为静态透视图，可将数据透视表与数据透视图之间的链接断开。

步骤 01 打开"数据透视表6"工作表，全选数据透视表单元格区域并右击，在快捷菜单中选择"复制"命令。

步骤 02 右击空白单元格，这里选择A12单元格，在快捷菜单中选择"粘贴"命令，粘贴数据透视表。

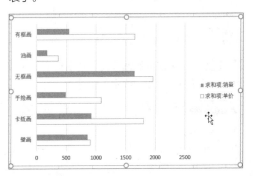

步骤 03 按Delete键删除与数据透视图相关联的数据透视表，此时该数据透视图已转换成静态图表了。

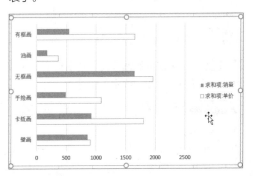

9.4 应用PowerPivot创建数据透视图

利用PowerPivot不但可以创建数据透视表，也可以轻松创建数据透视图。用户只需向PowerPivot中添加数据模型即可创建。本小节将以创建"水果销售汇总"数据透视图为例，介绍利用PowerPivot创建数据透视图的操作方法。

步骤 01 打开"水果销售统计"工作簿，在PowerPivot选项卡中单击"添加到数据模型"按钮。

步骤 02 在打开的PowerPivot操作界面中，单击"数据透视表"下拉按钮，选择"数据透视图"选项。

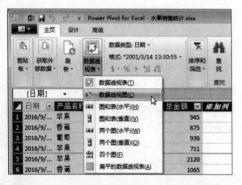

步骤 03 在"创建数据透视图"对话框中，保持默认设置不变，单击"确定"按钮。

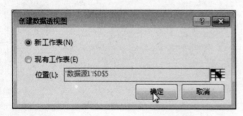

步骤 04 在打开的新工作表中，即可创建一张空白的数据透视图。

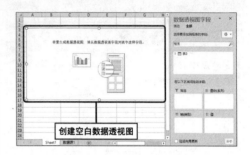

创建空白数据透视图

步骤 05 在"数据透视图字段"窗格中，单击"表3"折叠按钮，在展开的字段列表中勾选要添加的字段至透视图中，即可完成创建操作。

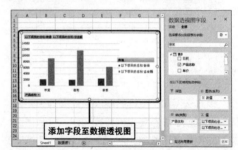

添加字段至数据透视图

如果想更改数据透视图的类型，可以选中该数据透视图，在"设计"选项卡中单击"更改图表类型"按钮，在打开的"更改图表类型"对话框中，选择要更改的类型，单击"确定"按钮即可。

选择更改类型

9.5 在数据透视表中插入迷你图

迷你图是显示在单元格中的一个微型图表，可以很直观地反映数据的变化趋势。迷你图主要包括折线图、柱形图和盈亏图三种类型。用户可以根据实际需要在数据透视表中插入相应的迷你图，以便更快、更好地读取有用的数据信息。

9.5.1 创建迷你图

在数据透视表中可以创建单个迷你图，也可以创建一组迷你图。下面将分别对其创建方法进行介绍。

1 创建单个迷你图

如果需要对数据透视表中某一字段的数据项创建迷你图，可通过以下方法进行操作。

步骤 01 选择所需插入迷你图的空白单元格，在"插入"选项卡的"迷你图"选项组中，单击"柱形"按钮。

步骤 02 打开"创建迷你图"对话框，设置数据的范围。

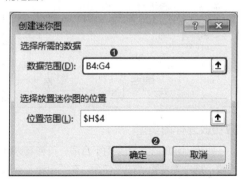

步骤 03 单击"确定"按钮，完成该字段迷你图的创建操作。

2 创建一组迷你图

用户还可以根据需要，为一组数据添加迷你图，具体操作如下。

步骤 01 打开"数据透视表7"工作表，选择需要创建迷你图的单元格区域。切换至"插入"选项卡，单击"迷你图"选项组中的"柱形"按钮。

步骤 02 打开"创建迷你图"对话框，单击"位置范围"右侧的折叠按钮，在数据透视表中选择F4:F9单元格区域，返回对话框中单击"确定"按钮。

步骤 03 即可在数据透视表的F4:F9单元格区域中创建一组迷你柱形图。

用户可以创建单个迷你图，然后按住鼠标左键，拖曳迷你图所在的单元格填充手柄至满意位置，放开鼠标即可批量创建迷你图。

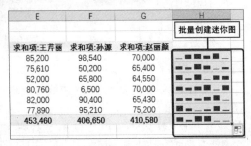

批量创建迷你图

9.5.2 编辑迷你图

迷你图创建完毕后，用户可以根据需要对创建的迷你图进行编辑操作。例如移动迷你图、更改迷你图数据源、设置迷你图样式等，下面将分别对其操作进行简单介绍。

❶ 移动迷你图

迷你图创建好后，其位置不是一成不变的，用户可以根据需要对迷你图进行移动操作。

步骤 01 选中需要移动的迷你图，将光标移动至迷你图上，当光标呈十字箭头时，按住鼠标左键不放，将其拖曳至合适位置。

步骤 02 放开鼠标即可完成移动操作。

使用Ctrl+X和Ctrl+V组合键，同样也可以移动迷你图。

❷ 更改迷你图数据源

如果想对迷你图的数据源进行更改，可进行以下操作。

步骤 01 右击迷你图，在打开的快捷菜单中选择"迷你图"命令，并在子菜单中选择"编辑单个迷你图的数据"选项。

选择该选项

步骤 02 打开"编辑迷你图数据"对话框，修改数据源区域，单击"确定"按钮即可。

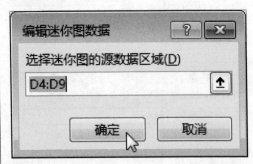

❸ 更改迷你图类型

如果创建的迷你图类型不合适，可将其进行更改。选中需要更改的迷你图，在"设计"选项卡的"类型"选项组中，单击要更改为的类型即可。

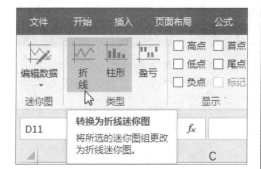

4 设置迷你图样式

迷你图样式是可以根据用户的需求进行设置的。下面以设置柱形迷你图为例，介绍迷你图样式的设置操作。

步骤 01 打开"数据透视表7"工作表，选中柱形迷你图，在"设计"选项卡的"样式"选项组中，单击"其他"下拉按钮打开样式列表。

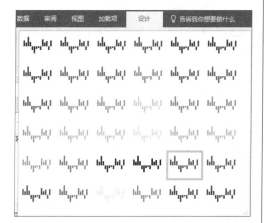

步骤 02 在该列表中选中一款满意的样式，即可更改当前迷你图样式。

	A	B	C	D	E
1					
2					
3	行标签 ▼	求和项:李进	求和项:陈杨	求和项:孙源	求和项:张雨彤
4	1月	67,500	91,000	98,540	94,500
5	2月	70,000	64,652	50,200	85,310
6	3月	68,520	56,820	65,800	70,000
7	4月	59,870	46,500	6,500	56,325
8	5月	77,500	77,530	90,400	75,200
9	6月	98,560	85,000	95,210	70,000
10	总计	441,950	421,502	406,650	451,335
11					
12					

步骤 03 如果用户对列表中的样式不满意，可单击"迷你图颜色"下拉按钮，在打开的列表中选择满意的颜色，也可更改迷你图样式。

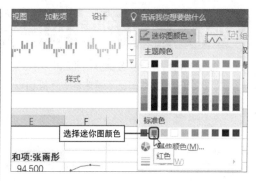

9.5.3 删除迷你图

要想删除多余的迷你图，可通过以下两种方法进行操作。

1 右键菜单删除

选中要删除的迷你图并右击，在快捷菜单中选择"迷你图"命令，并在其子菜单中选择"清除所选的迷你图"选项即可。

2 使用功能区命令删除

选中迷你图，在"设计"选项卡的"组合"选项组中，单击"清除"下拉按钮，在下拉列表中选择"清除所选的迷你图"选项即可。

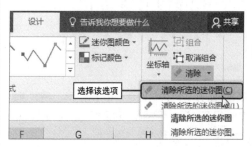

动手练习｜创建年度销售分析数据透视图

　　本章向用户介绍了数据透视图的相关操作，其中包括创建数据透视图、筛选数据透视图以及数据透视图转换为静态图表等内容。下面将以创建"电子产品年度销售总汇"数据透视图为例，巩固本章所学的知识点。

步骤 01 打开"数据源8"工作表，选择数据源表格中任意单元格，单击"插入"选项卡的"数据透视图"按钮，打开"创建数据透视图"对话框，将设置参数保持为默认选项，单击"确定"按钮。

步骤 02 将新工作表重命名为"电子产品年度销售分析"，选中空白数据透视图，在"数据透视图字段"窗格中，勾选相应的字段，完成数据透视图的创建。

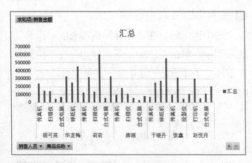

步骤 03 在"插入"选项卡中单击"切片器"按钮，打开"插入切片器"对话框，分别勾选"销售季度"和"销售人员"复选框。

步骤 04 单击"确定"按钮完成切片器的创建操作，然后设置切片器的大小和样式。

步骤 05 在"销售季度"切片器中，选中"第一季度"字段；在"销售人员"切片器中，分别选中"胡可英"、"龙华梅"以及"莉莉"字段。

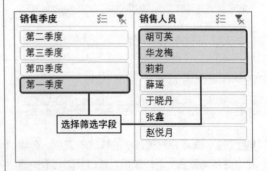

步骤 06 此时相应的数据透视图也发生了变化。

180

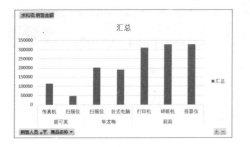

步骤 07 在数据透视图中选中标题文本框，更改标题名称。

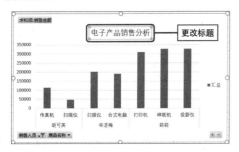

步骤 08 右击标题文本框，在打开的快捷菜单中选择"字体"命令。

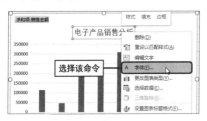

步骤 09 打开"字体"对话框，设置标题格式，单击"确定"按钮。

步骤 10 右击数据透视图，在快捷菜单中选择"设置图表区域格式"命令，在打开的窗格中设置背景色。

步骤 11 选中数据系列，在"格式"选项卡的"形状样式"列表中，选择一款满意的样式，完成数据系列格式的设置操作。

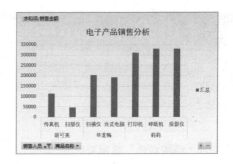

步骤 12 选中数据透视图，单击右侧"图表元素"按钮，在打开的列表中勾选"数据标签"复选框。

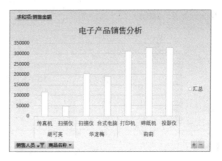

步骤 13 此时在数据透视图中，每项数据系列顶部都添加了相应的数据标签。

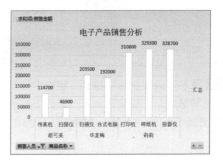

高手进阶 | 显示与修改报表的数据系列

创建完数据透视图后，若发现某些数据系列几乎不可见，可使用图表元素中的"设置数据系列格式"相关功能将其显示。下面将以创建"洗护用品销售统计"数据透视图为例，来介绍显示与修改数据系列的操作方法。

1 显示"销售数量"数据系列项

打开"洗护用品销售统计"工作表，此时用户可以看到创建的数据透视图中，"求和项：销售数量"数据系列几乎呈不可见状态。

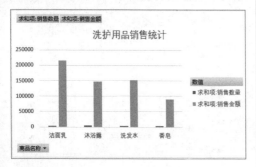

如果想将该数据系列完全显示出来，可通过以下方法进行操作。

步骤 01 选中该数据透视图，在"设计"选项卡的"图表布局"选项组中，单击"添加图表元素"下拉按钮，选择"坐标轴"选项，并在子列表中选择"更多轴选项"选项。

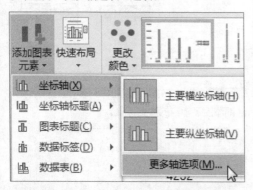

步骤 02 在"设置坐标轴格式"窗格中，单击"坐标轴选项"下拉按钮，在打开的下拉列表中，选择"系列'求和项：销售数量'"选项。

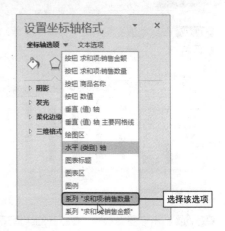

步骤 03 此时系统将自动选中该数据系列。

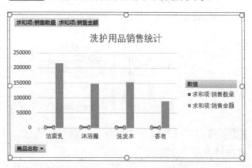

步骤 04 在该窗格中，单击"系列选项"按钮 ，在打开的相关选项中单击"次坐标轴"单选按钮。

步骤 05 此时在数据透视图的右侧会增添次坐标轴，同时被选中的"求和项：销售数量"数据系列也发生了相应的变化。

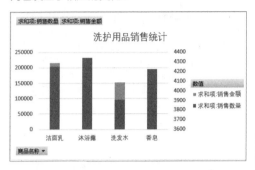

2 更改"销售数量"数据系列类型

当数据透视图中的两个数据系列叠加在一起，不便阅读时，可以对其中一组数据系列的类型进行更改。

步骤 01 在数据透视图中选中"求和项：销售数量"数据系列，在"设计"选项卡中单击"更改图表类型"按钮。

步骤 02 在"更改图表类型"对话框"为您的数据系列选择图表类型和轴"选项区域中，系统默认勾选了"求和项：销售数量"复选框，单击该系列的"簇状柱形图"下拉按钮，在打开的列表中选择一款满意的图表类型，这里选择"带数据标记的折线图"选项。

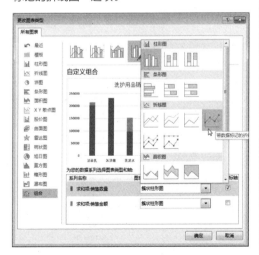

步骤 03 单击"确定"按钮，即可完成图表类型的更改操作。

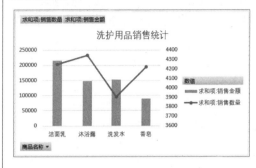

步骤 04 右击折线图，在打开的快捷菜单中选择"设置数据系列格式"命令，在打开的窗格中设置该折线图的样式。

步骤 05 选中数据透视图的图表区域，设置其背景色，查看最终效果。

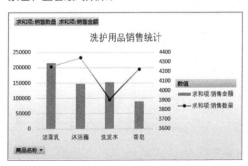

知识点 | 我的Excel出问题了！

记得有一天早上，我踏进公司大门，就被张同事拉倒她电脑前，只见她打开Excel软件后指着电脑屏幕对我说："悦姐，你看我这个Excel的行标和列标怎么一模一样，是不是软件有问题？我重启电脑了好几遍，还是这样，怎么办？"我很庆幸，因为我之前也遇到过这种问题，后来请教了大李同志才解决。否则我还真不知道怎么回答她。于是我就解释到："这不是你的软件有问题，而是你在操作时，误将'R1C1引用样式'设置为当前表格样式了。只需将它还原默认的'A1引用样式'就好啦！"

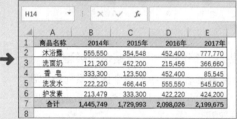

接下来我就按照大李教我的步骤，给她操作了一遍，帮她把问题解决了！对了，她还欠我一顿饭呢！哈哈……

解决方法为：单击"文件"标签，在打开的菜单列表中选择"选项"选项，打开"Excel选项"对话框。在左侧列表中选择"公式"选项，然后在右侧"使用公式"选项组中，取消勾选"R1C1引用样式"复选框，单击"确定"按钮。

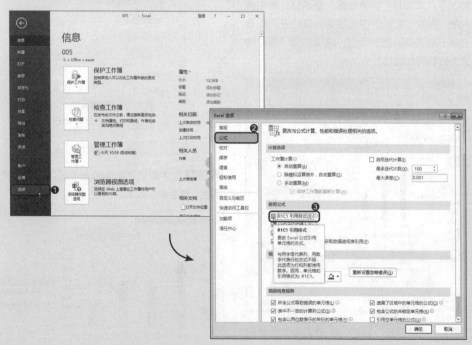

10

Chapter

185~200

数据透视表的输出与共享

　　在日常工作中，经常需要将制作好的数据透视表以纸质的形式打印出来，交付给上级部门浏览或存档。有时又需要将数据透视表以电子稿的形式通过网络进行分享。本章将向用户介绍数据透视表的输出与分享操作。

本章所涉及的知识要点：

◆ 发布数据透视表　　　　　　◆ 共享数据透视表

◆ 打印数据透视表

本章内容预览：

将数据透视表保存为网页格式　　　　　　根据筛选字段分页打印数据透视表

10.1 输出数据透视表

在没有安装Excel软件的前提下，如果想查看制作好的数据透视表，可以将数据透视表以网页的形式进行共享或者输出成PDF格式进行查阅。下面介绍数据透视表的输出操作。

10.1.1 保存为网页格式

将数据透视表以网页的形式进行共享，优点在于用户无论在哪里，只要有一台能上互联网的电脑，都可以轻松查阅数据透视表信息。

步骤01 打开"洗护用品销售统计"工作簿，在"文件"选项列表中选择"另存为"选项，并在右侧列表中选择"浏览"选项。

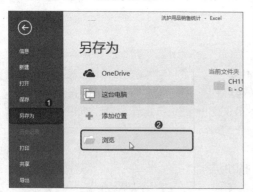

步骤02 打开"另存为"对话框，单击"保存类型"下拉按钮，在下拉列表中选择"网页"选项，然后单击"更改标题"按钮。

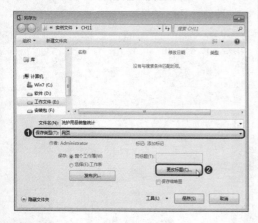

步骤03 打开"输入文字"对话框，输入页标题名称，然后单击"确定"按钮。

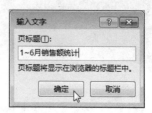

步骤04 返回到"另存为"对话框，单击"发布"按钮。

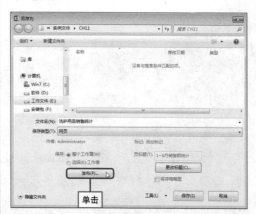

步骤05 打开"发布为网页"对话框，在"选择"下拉列表框中选择"数据透视表"选项。然后勾选"在浏览器中打开已发布网页"复选框。

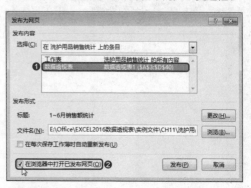

步骤06 单击"发布"按钮，关闭对话框。稍等片刻，系统将自动以网页形式打开该数据透视表。

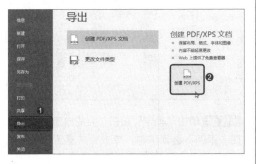

10.1.2 保存为PDF格式

下面介绍将数据透视表保存为PDF格式的操作方法，具体如下。

步骤01 打开"化妆品销售统计"工作簿，在"文件"选项列表中选择"导出"选项，单击右侧的"创建PDF/XPS"按钮。

步骤02 在"发布为PDF或XPS"对话框中，保持默认设置，单击"发布"按钮。

步骤03 系统会自动启动PDF软件，并打开相应的文档内容。

10.1.3 保存为Word文档

要想将数据透视表转换为Word文档，只需将数据透视表进行复制，然后在Word文档中进行粘贴即可。

步骤01 全选所需转换的数据透视表区域并右击，在快捷菜单中选择"复制"命令。

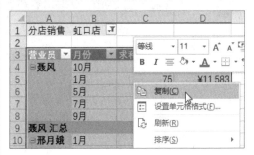

步骤02 在Word文档中指定插入点，单击鼠标右键，选择"链接与保留源格式"选项即可。

步骤03 若数据透视表中的源数据被修改，则在Word文档中右击数据透视表，选择"更新链接"命令，即可更新该数据透视表。

10.2 共享数据透视表

　　要想实现多人同时对一张数据透视表进行编辑操作，可通过共享功能实现。在Excel中共享数据透视表可分为两种方法，一是在局域网中实现共享；二是在云端实现共享。下面将分别对其方法进行介绍。

10.2.1 在局域网中共享数据透视表

　　用户要想让数据透视表在同一局域网中能够供所有人员查阅，可将数据透视表所在的工作簿进行共享。

　　下面以共享"电子产品销售统计"数据透视表为例，介绍在局域网中实现共享的操作方法。

步骤 01 右击功能区，在打开的快捷菜单中选择"自定义功能区"命令。

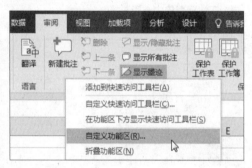

步骤 02 打开"Excel选项"对话框，在"从下列位置选择命令"列表中选择"不在功能区中的命令"选项，并在其列表框中选择"共享工作簿（旧版）"选项。

步骤 03 在右侧"自定义功能区"列表框中，选择"审阅"选项卡，并单击"新建组"按钮，新建组。然后单击"添加"按钮，将"共享工作簿"命令添加至此。

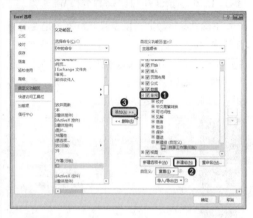

步骤 04 单击"确定"按钮，完成自定义操作。在"审阅"选项卡中，单击"共享工作簿（旧版）"按钮。

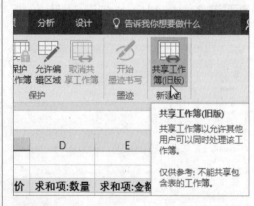

步骤 05 打开"共享工作簿"对话框，勾选"使用旧的共享工作簿功能，而不是新的共同创作体验"复选框。

步骤 06 单击"确定"按钮,在打开的系统提示框中单击"确定"按钮。

步骤 07 此时当前工作簿标题上已显示"已共享"字样。

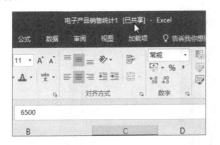

10.2.2 共享加密的数据透视表

在局域网中,如果只想让部分有权限的人员查阅,可将当前数据透视表进行保护共享操作。

步骤 01 按照以上步骤01~步骤03的操作,在"审阅"选项卡中添加"保护共享(旧版)"命令。

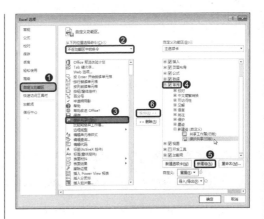

步骤 02 在"审阅"选项卡中,单击"保护并共享工作簿(旧版)"按钮。

步骤 03 打开"保护共享工作簿"对话框,勾选"以跟踪修订方式共享"复选框,然后在"密码"文本框中输入密码。

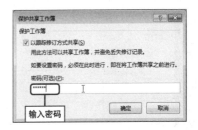

步骤 04 单击"确定"按钮,在"确认密码"对话框中再次输入相同的密码,然后单击"确定"按钮。

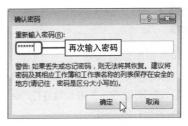

步骤 05 在打开的系统提示对话框中，单击"确定"按钮。

步骤 06 此时当前数据透视表文档已实现保护共享操作。在该文档中双击任意单元格，系统会提示不能更改数据透视表的相关提示。

10.3 打印数据透视表

打印数据透视表的方法有很多种，用户可根据自身需要来选择相应的打印方式。下面介绍几种常用的数据透视表的打印方法。

10.3.1 常规打印数据透视表

默认情况下，制作好数据透视表后，只需启用"打印"功能，并进行相关参数设置即可进行打印操作。

1 打印单张数据透视表

打开需要打印的数据透视表，在"文件"选项列表中选择"打印"选项，在右侧"打印"选项区域中设置打印参数，如打印份数、打印机型号、纸张大小和页边距等，然后预览打印效果。如果无需修改，则单击"打印"按钮即可。

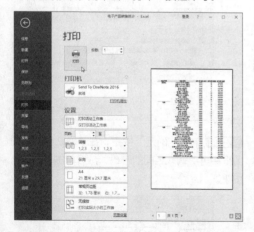

2 打印多张数据透视表

若一张工作表中显示了多张数据透视表，此时要想分别打印出来，需先设置好打印区域，然后再分别进行打印。

步骤 01 在工作表中选择需要打印的数据透视表区域，在"页面布局"选项卡中单击"打印区域"按钮，在打开的下拉列表中选择"设置打印区域"选项。

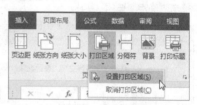

步骤 02 在"文件"选项列表中选择"打印"选项，预览打印效果。

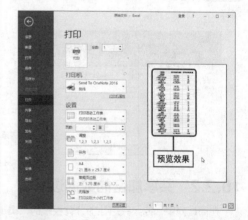

步骤 03 在"打印"选项区域中单击"页面设置"按钮，打开"页面设置"对话框，单击"页边距"选项卡，在"居中方式"选项区域中勾选"水平"和"垂直"复选框，单击"确定"按钮。

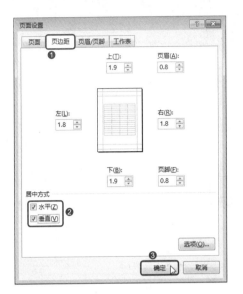

步骤04 返回到"打印"界面，此时打印预览区域中的数据透视表已居中显示，单击"打印"按钮即可。

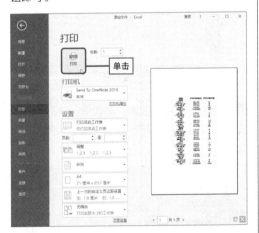

步骤05 在工作表中全选刚刚打印的数据透视表，在"页面布局"选项卡中单击"打印区域"下拉按钮，选择"取消打印区域"选项，即可取消当前打印区域设置。

步骤06 重复以上步骤，打印当前工作表中的其他数据透视表。

10.3.2 设置重复打印标题行

当数据透视表中的数据量很大，无法在一页打印完整，需要分多页打印时，多页打印会造成标题行的缺失。用户在遇到该问题时，可通过以下方法解决。

步骤01 打开"数据透视表1"工作表，右击该表中任意单元格，在打开的快捷菜单中选择"数据透视表选项"命令。

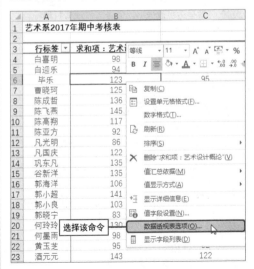

步骤02 在"数据透视表选项"对话框中，单击"打印"选项卡，同时勾选"设置打印标题"复选框。

步骤 03 单击"确定"按钮，关闭对话框。进入打印界面，滑动鼠标中键即可浏览设置打印标题的效果。

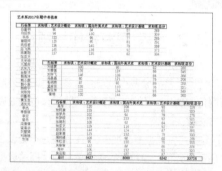

 操作提示

"数据透视表选项"命令与"设置打印标题行"复选框的区别

两者使用的范围不同：前者适用于数据透视表；而后者适用于整个工作表中的所有数据报表。

两者的作用范围不同：前者同时作用于顶端标题行和左端标题列，其中顶端标题行包含数据透视表的报表筛选、列标签区域所在行，左端标题列包含行标签区域所在列；而后者可以分别设置顶端标题行和左端标题列的范围，并可作用于数据透视表以外的行和列。

10.3.3 分别打印数据透视表中的每一类数据

如果想将数据透视表中的每一类数据项单独打印，可通过以下方法进行操作。

步骤 01 打开"数据透视表2"工作表，单击"打印"按钮，在打印预览窗口中可以看到该数据透视表是按照默认打印方式显示的。

步骤 02 返回到数据透视表页面，右击A4单元格，在打开的快捷菜单中选择"字段设置"命令。

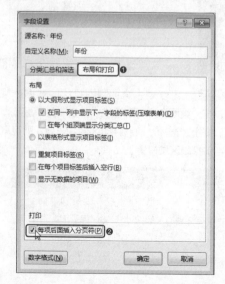

步骤 03 打开"字段设置"对话框，单击"布局和打印"选项卡，勾选"每项后面插入分页符"复选框。

步骤04 单击"确定"按钮完成设置操作，然后设置打印标题，在打印预览窗口中即可看到数据透视表中每一类数据已分开显示。

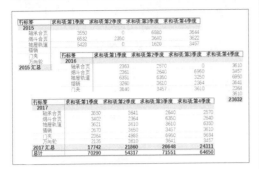

10.3.4 对数据透视表进行缩打

当遇到数据透视表中的数据量过大，无法在一页中完全显示时，可使用缩放打印功能解决。

步骤01 打开"数据透视表3"工作表，打开打印预览界面，在打印预览窗口中可以看到该数据透视表显示不全。

步骤02 返回到数据透视表页面，此时可以看到默认打印边界线是以虚线表示，而该数据透视表中的G列和H列数据不在其内。

C	D	E	F	G	H
单位	销售价格	销量	收入(含税)	占总销售比	优惠额度
支	¥27.30	5	¥64.00	0.54%	72.5
支	¥25.00	3	¥75.00	0.63%	0
瓶	¥32.00	1	¥29.80	0.25%	2.2
支	¥24.20	1	¥24.20	0.20%	0
瓶	¥19.80	1	¥19.80	0.17%	0
块	¥4.20	5	¥21.00	0.18%	0
块	¥6.40	2	¥12.80	0.11%	0
块	¥4.50	49	¥220.50	1.84%	0
块	¥3.70	21	¥77.70	0.65%	0
块	¥5.00	1	¥5.00	0.04%	0
块	¥2.00	8	¥16.00	0.13%	0
瓶	¥37.50	5	¥149.50	1.25%	38
袋	¥6.90	7	¥44.10	0.37%	4.2

步骤03 在"页面布局"选项卡中，单击"页面设置"选项组的对话框启动按钮。

步骤04 打开"页面设置"对话框，在"页面"选项卡中单击"调整为"单选按钮，并保持默认参数为1页宽1页高。

步骤05 单击"打印预览"按钮，打开预览窗口。此时该数据透视表已经完全显示在预览窗口中，单击"打印"按钮即可。

用户还可以在"打印"面板中进行设置。在"文件"选项列表中选择"打印"选项，打开"打印"面板，在"设置"选项区域中单击"无缩放"下拉按钮，在下拉列表中根据需要选择缩放打印类型，这里选择"将所有列调整为一页"选项，同样也可以显示当前数据透视表所有内容。

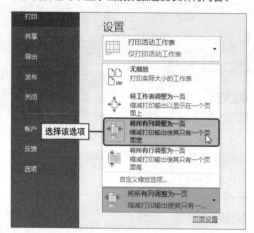

10.3.5 根据筛选选项打印数据透视表

如果需要根据筛选字段分页打印数据透视表，可按照以下方法进行操作。

步骤01 打开"数据透视表4"工作表，选中该数据透视表任意单元格，在"分析"选项卡中单击"选项"下拉按钮，选择"显示报表筛选页"选项。

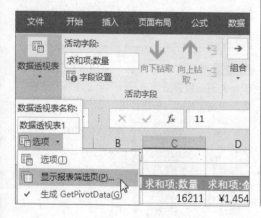

步骤02 打开"显示报表筛选页"对话框，保持默认设置不变，单击"确定"按钮。

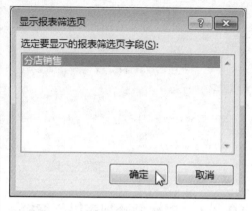

步骤03 此时数据透视表会生成以筛选字段项命名的工作表，并在每张工作表中显示相关的筛选数据。

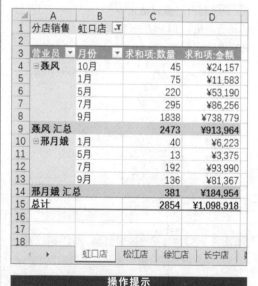

操作提示

设置数据透视表打印的页边距

在打印过程中，用户可以对数据透视表中的页边距进行调整。在"打印"面板中，单击"常规页边距"下拉按钮，在列表中选择满意的选项，或者直接选择"自定义页边距"选项，在打开的对话框中设置"上"、"下"、"左"、"右"边距值即可。

步骤 04 选中第1张工作表标签，并按住Shift键选择其他筛选字段的工作表标签。

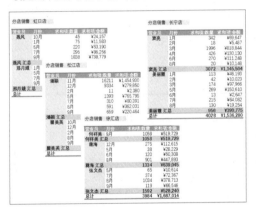

步骤 05 设置好页面布局，单击"打印"按钮即可按照筛选字段分页打印报表。

10.3.6 添加并打印数据透视表页眉页脚

为数据透视表添加页眉页脚，可美化报表页面布局，使报表具有完整性，下面介绍打印页眉页脚的操作方法。

步骤 01 打开"原始文件"工作簿的"数据透视表5"工作表，在"页面布局"选项卡中，单击"页面设置"对话框启动器按钮，打开"页面设置"对话框。

步骤 02 切换到"页眉/页脚"选项卡，单击"自定义页眉"按钮。

步骤 03 打开"页眉"对话框，将光标分别定位在"左"、"中"或"右"文本框中，输入页眉内容。

步骤 04 选中输入的页眉内容，单击"格式文本"按钮 A，打开"字体"对话框，设置字体的格式。

步骤 05 单击"确定"按钮返回"页眉"对话框，单击"确定"按钮，完成页眉的添加操作。

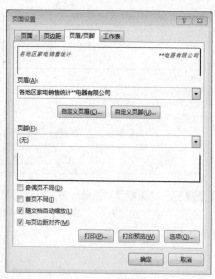

步骤 06 单击"自定义页脚"按钮，打开"页脚"对话框，将光标定位在"中"文本框中，单击"插入页码"按钮。

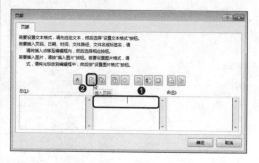

步骤 07 在页码前后输入"第"和"页"字样，然后单击"格式文本"按钮，设置页脚格式。

步骤 08 单击"确定"按钮，返回"页码设置"对话框，单击"打印预览"按钮。

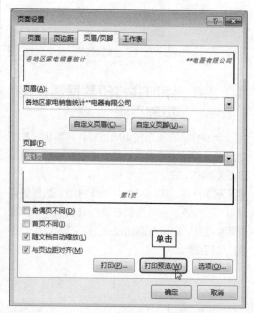

步骤 09 在打印预览窗口中，可以查看设置页眉页脚后的效果。

步骤 10 右击A5单元格，在快捷菜单中选择"数据透视表选项"命令，在打开的对话框中切换到"打印"选项卡，勾选"设置打印标题"复选框，单击"确定"按钮。

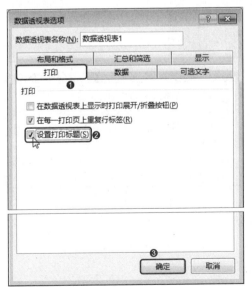

步骤 11 再次打开"打印"面板，设置打印参数后，查看设置效果。若无更改，单击"打印"按钮即可执行打印操作。

操作提示

💡 **在页眉中添加公司Logo**

如需要在数据透视表的页眉上添加公司Logo，则在"页面设置"对话框的"页眉/页脚"选项卡中单击"自定义页眉"按钮，在"页眉"对话框中选择好Logo图片的位置，然后单击"插入图片"按钮，在"插入图片"面板中单击"来自文件"按钮，在打开的"插入图片"对话框中选择要添加的Logo图片，单击"插入"按钮，返回到上一层对话框，依次单击"确定"按钮完成设置操作。

10.3.7 只打印数据透视表特定区域

如果只想打印数据透视表中某个特定区域，可通过以下方法进行操作。

步骤 01 打开需要打印的数据透视表，选择要打印的数据区域。

步骤 02 在"文件"选项列表中选择"打印"选项，在右侧"设置"选项区域中单击"打印活动工作表"下拉按钮，在下拉列表中选择"打印选定区域"选项。

步骤 03 选择完成后，在打印预览窗口中可以看到打印结果，单击"打印"按钮即可。

用户还可以使用"页面布局"选项卡中的"打印区域"功能进行打印。

步骤 01 在数据透视表中选择要打印的区域，在"页面布局"选项卡中单击"打印区域"下拉按钮，选择"设置打印区域"选项。

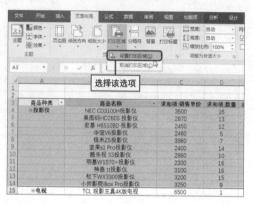

步骤 02 在"打印"面板的"设置"选项区域中，将"打印选定区域"恢复到默认的"打印活动工作表"选项，单击"打印"按钮即可。

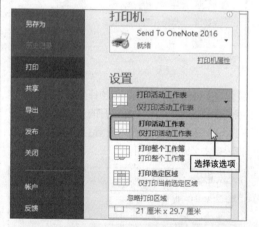

操作提示

不打印数据透视表中的错误值

在打印时，想要隐藏数据透视表中的错误值，可在"页面设置"对话框中单击"工作表"选项卡，在"打印"选项区域中单击"错误单元格打印为"下拉按钮，选择"＜空白＞"选项，单击"确定"按钮，即可执行打印操作。

动手练习｜电车销售统计报表的打印与输出

本章向用户介绍了数据透视表的打印与输出操作，下面将以输出打印"电车销售统计"数据透视表为例，来巩固本章所学的知识点。

步骤01 打开"电车销售统计"工作簿，在"文件"选项列表中选择"导出"选项，单击右侧"创建PDF/XPS"按钮。打开"发布为PDF或XPS"对话框，保持默认设置，单击"发布"按钮。

步骤02 系统将会以PDF格式打开该数据透视表。

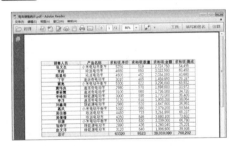

步骤03 返回到数据透视表页面，在"数据透视表字段"窗格中，将"销售地区"字段移动至"筛选"区域。

步骤04 选择任意单元格，在"分析"选项卡中单击"选项"下拉按钮，选择"显示报表筛选页"选项。打开相应的对话框，保持默认设置不变，单击"确定"按钮。

步骤05 此时系统将以"销售地区"筛选字段为新工作表进行命名。

步骤06 选中"九里区卖场"工作表标签，并按住Shift键，选中其他3个工作表标签，在"文件"选项列表中选择"打印"选项，在打印预览窗口中预览打印效果。若无需修改，设置好打印参数即可将其打印。

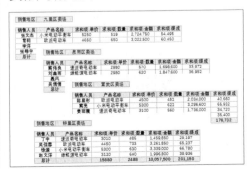

高手进阶 | 打印进货统计数据透视图

以上章节介绍的是数据透视表的打印操作，下面将以打印"水产品进货统计"数据透视图为例，介绍数据透视图的打印操作。

1 单独打印数据透视图

当数据透视表与数据透视图同时存在一张工作表中时，如果只想单独打印数据透视图，可通过以下方法进行操作。

步骤 01 打开"水产品进货明细"工作簿，选中数据透视图，在"文件"选项列表中选择"打印"选项。

步骤 02 接着设置打印参数，这里将纸张方向设为"横向"，在打印预览窗口中查看打印效果。若无需更改，单击"打印"按钮，即可打印该数据透视图。

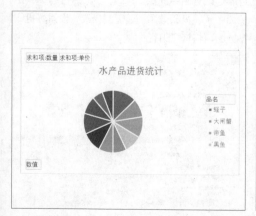

2 打印黑白数据透视图

为了提高打印速度，可将彩色透视图打印成黑白效果。

步骤 01 同样打开"水产品进货明细"工作簿，选中数据透视图，打开"页面设置"对话框。

步骤 02 单击"图表"选项卡，勾选"按黑白方式"复选框。

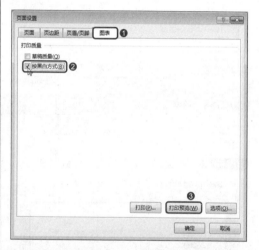

步骤 03 单击"打印预览"按钮，打开"打印"面板，查看打印效果，单击"打印"按钮即可将其打印。

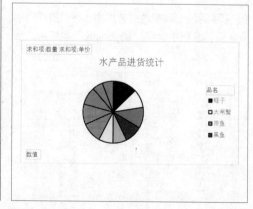

附录　活学活用Excel快捷键

　　提起Excel快捷键，相信大家都知道也都用过，上网一搜能出来N多个，但要记住这些快捷键，并不是件容易的事！确实，只要在百度搜索"Excel快捷键"，就会弹出一大堆。除非有过目不忘的本领，否则谁都无法轻易将其全部背下来。

　　其实真正常用的快捷键也就那几种，我们只需熟记这几种快捷键即可，其他的等到工作需要时，再去查询也不迟。因为每个人使用Excel的习惯不同，运作的项目也不同，所以使用的快捷键当然也会不相同。如果工作上几乎用不到的，即使记再多的快捷键也无意义啊！本节将罗列了几种Excel常用的快捷键以及它的用法，供大家参考。

01　与Alt键在一起的组合键

　　在Excel软件中，Alt键使用的频率比较高。熟练使用与Alt键组合的快捷键，可以在很大程度上减少鼠标的使用率。

　　（1）按键提示（Alt键）

　　大家在工作中有没有遇到过这样的情况，当误操作按到Alt键时，在Excel功能区中会出现以下情况。

　　说实话，第一次遇见时我也不理解为什么会这样。直到熟悉了快捷键后，才明白原来Alt键有按键提示的作用。

　　当按下Alt键时，系统就会在标题栏以及功能区的每项命令下显示相应的字母标签。如果在键盘中按下相应的字母按键，就会打开对应的命令选项卡，此时系统会在打开的命令选项卡中，继续以字母标签的形式显示每一项命令的对应按钮。这样，便可以不用鼠标单击来启用相应的命令了。下面将介绍如何使用Alt键的方法打开"插入图表"对话框。

　　步骤01 打开表格，按下Alt键，根据功能区中显示的字母标签，按下键盘中的N键，打开"插入"选项卡。

　　步骤02 根据字母标签提示，按下键盘中的R键，即可打开"插入图表"对话框。

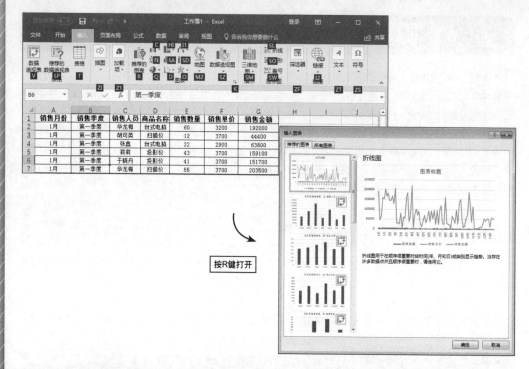

按R键打开

　　使用Alt键启用命令的快捷键,我们不需要死记硬背,系统会自动给出相应的字母提示,只需按照提示按键即可。时间长了,操作次数多了,自然而然就记住了。

　　（2）设置单元格格式

　　对于表格单元格设置,我们在操作过程中也经常会用到。在此,建议大家记住3组快捷键,分别为设置单元格底纹颜色、设置字体颜色以及设置字体。

　　A.设置底纹颜色（Alt键、H键、H键）

　　在操作中,如果需要对字体的颜色进行修改,可先按下Alt键,然后再按H键,最后再按一下H键,打开颜色列表,选择所需颜色即可。

　　B.设置字体颜色（Alt键、H键、F键、C键）

　　如果要对字体颜色进行修改,可依次按下Alt键、H键、F键和C键,在颜色列表中选择所需颜色即可。

	A	B	C	D	E	F	G
1	销售月份	销售季度	销售人员	商品名称	销售数量	销售单价	销售金额
2	1月	第一季度	华龙梅	台式电脑	60	3200	192000
3	1月	第一季度	胡可英	扫描仪	12	3700	44400
4	1月	第一季度	张鑫	台式电脑	22	2900	63800
5	1月	第一季度	莉莉	投影仪	43	3700	159100
6	1月	第一季度	于晓丹	投影仪	41	3700	151700
7	1月	第一季度	华龙梅	扫描仪	55	3700	203500
8	1月	第一季度	于晓丹	投影仪	45	3700	166500
9	1月	第一季度	薛瑶	打印机	52	3500	182000
10	2月	第一季度	莉莉	投影仪	39	3700	144300
11	2月	第一季度	莉莉	碎纸机	39	3700	144300
12	2月	第一季度	莉莉	投影仪	53	3200	169600
13	2月	第一季度	张鑫	台式电脑	35	3700	129500
14	2月	第一季度	于晓丹	投影仪	55	3800	209000
15	2月	第一季度	于晓丹	投影仪	8	3700	29600
16	3月	第一季度	胡可英	传真机	9	3700	33300
17	3月	第一季度	赵悦月	投影仪	12	2100	25200
18	3月	第一季度	胡可英	传真机	22	3700	81400
19	3月	第一季度	胡可英	扫描仪	5	500	2500
20	3月	第一季度	薛瑶	碎纸机	28	2200	61600

C.设置字体（Alt键、H键、F键、F键）

在对表格字体进行修改时，我们只需依次按下Alt键、H键、F键和F键，然后在"字体"列表框中直接输入字体名，或单击其下拉按钮来选择新字体。

	A	B	C	D	E	F	G
1	销售月份	销售季度	销售人员	商品名称	销售数量	销售单价	销售金额
2	1月	第一季度	华龙梅	台式电脑	60	3200	192000
3	1月	第一季度	胡可英	扫描仪	12	3700	44400
4	1月	第一季度	张鑫	台式电脑	22	2900	63800
5	1月	第一季度	莉莉	投影仪	43	3700	159100
6	1月	第一季度	于晓丹	投影仪	41	3700	151700
7	1月	第一季度	华龙梅	扫描仪	55	3700	203500
8	1月	第一季度	于晓丹	投影仪	45	3700	166500
9	1月	第一季度	薛瑶	打印机	52	3500	182000
10	2月	第一季度	莉莉	投影仪	39	3700	144300
11	2月	第一季度	莉莉	碎纸机	39	3700	144300
12	2月	第一季度	莉莉	投影仪	53	3200	169600
13	2月	第一季度	张鑫	台式电脑	35	3700	129500
14	2月	第一季度	于晓丹	投影仪	55	3800	209000
15	2月	第一季度	于晓丹	投影仪	8	3700	29600
16	3月	第一季度	胡可英	传真机	9	3700	33300
17	3月	第一季度	赵悦月	投影仪	12	2100	25200
18	3月	第一季度	胡可英	传真机	22	3700	81400
19	3月	第一季度	胡可英	扫描仪	5	500	2500
20	3月	第一季度	薛瑶	碎纸机	28	2200	61600

（3）对齐表格内容（Alt键、H键、A键、R/L键）

将表格数据快速实现右对齐，可依次按下Alt键、H键、A键和R键；如果想要实现左对齐，可依次按下Alt键、H键、A键和L键。这两组快捷键很好记忆，它取决于"右"和"左"两个英文首字母。

（4）选择性粘贴（Alt键、H键、V键、S键）

总所周知，Ctrl+C和Ctrl+V是复制粘贴的两组快捷键。该快捷键使用频率非常高。但有点Excel基础的人应该知道，在Excel中复制粘贴有很多种类型，有仅复制公式、仅复制格式、仅复制值等。显然用Ctrl+C和Ctrl+V这两组快捷键是不够的，因为它只能将复制的内容原封不动的粘贴过去，而不能有选择的粘贴内容。

在Excel中，若想对数据进行选择性粘贴，需先选中内容，按Ctrl+C组合键进行复制，然后在所需单元格中单击鼠标右键，在打开的快捷菜单中，根据需要选择粘贴选项即可。这类操作快捷键会更方便，当在进行选择性粘贴时，依次按下Alt键、H键、V键、S键，然后在打开的"选择性粘贴"对话框中，根据需要选择粘贴选项。

下面将以复制格式为例，来介绍具体操作步骤。

步骤01 打开表格，选中要复制的单元格，按Ctrl+C组合键执行复制操作。

步骤02 选择要粘贴的单元格，依次按下Alt键、H键、V键和S键，打开"选择性粘贴"对话框。

步骤03 在该对话框的"粘贴"选项区域中，若选择"格式"单选按钮，则按下键盘上T键，然后按回车键，即可将选择的单元格格式粘贴过来。

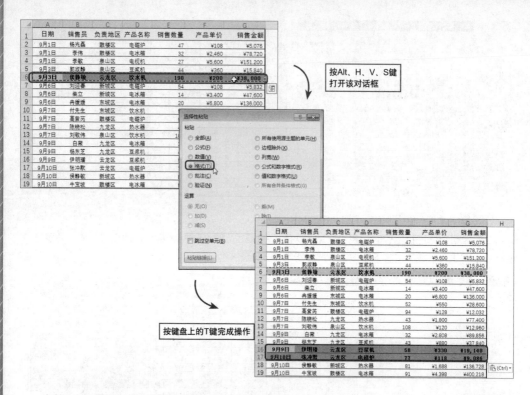

按Alt、H、V、S键
打开该对话框

按键盘上的T键完成操作

当然，还可以不启用对话框来完成选择性粘贴操作。依次按下Alt键、H键、V键后，在打开的粘贴列表中，根据需要按键盘上相应的按键，即可完成操作。全程无需鼠标介入。

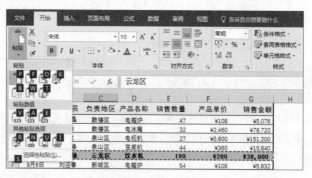

（5）文件的保存与关闭

对文件进行保存和关闭是Excel必不可少的操作。每次编辑完Excel文件，都需要进行文件的保存和关闭。大家都知道Ctrl+S组合键是文件保存的快捷键，但在这里奉劝各位，为了保险起见，需要习惯使用文件"另存为"操作。

A.保存文件（Ctrl+S组合键/F12功能键/Alt键、F键、A键）

直接保存文件时，按键盘上的Ctrl+S组合键即可。如果想要将文件另存为，我们可以按键盘上的F12功能键，或者依次按下Alt键、F键和A键，即可对文件执行另存为操作。按F12功能键可直接打开"另存为"对话框；而使用Alt、F、A快捷键，则会打开另存为界面，然后再根据需要按下相应的按键即可。当然这两种方法因人而异，选择自己比较顺手的一种就好。

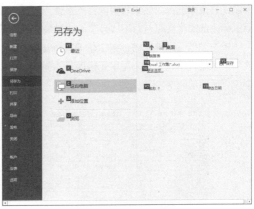

B.关闭文件（Ctrl+W快捷键/Alt+F4快捷键/Alt键、F键、X键）

关闭文件可分为两种，一种是关闭单个文件；另一种是关闭多个文件。当关闭单个文件时，只需按Ctrl+W组合键即可；当关闭多个文件时，可依次按下Alt键、F键和X键，或者按Alt+F4组合键。

02 与Ctrl键在一起的组合键

在Excel中，除了Alt键外，Ctrl键的使用率也非常高。例如Ctrl+C（复制）、Ctrl+V（粘贴）、Ctrl+S（保存）、Ctrl+O(打开)、Ctrl+W(关闭)等，这些基本的快捷键，大家一定要牢记。下面将介绍几种工作中常用Ctrl组合键的用法。

（1）全选工作表/表格（Ctrl+A组合键）

打开某Excel文件后，单击表格中任意单元格，按Ctrl+A组合键，可全选表格内容。这一项操作相信大家都知道。如果新建一个空白的Excel文件后，再按Ctrl+A组合键会是什么效果呢？显然，系统会全选整个空白的工作表。

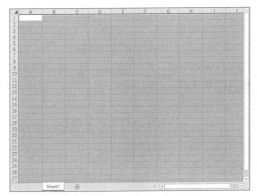

说到此，肯定会有人问："这全选空白工作表有什么意义啊？"当然用处啦。全选工作表后，我们可以事先设定好表格的基本格式，例如行高、字体格式等。这些格式设定好后，不管在这张工作表中创建多少个表格，都不必重复设置了。

（2）快速选中表格中的行或列（Ctrl+Shift+方向键）

在日常工作中，经常会遇到要选择表格的某一列或某一行数据内容的情况，通常我们会使用鼠标拖曳的方法来选择。如果表格内容不多使用这种方法倒无妨。如果表格的行或列数达到50以上，再使用鼠标来选择就会有点力不从心了。此时快捷键就派上了用场。

　　单击表格任意单元格，按Ctrl+Shift+↓组合键，此时系统会以选中的单元格为起始点，向下选中该列剩余单元格，直到末尾单元格为止。同样，选中该单元格，然后按Ctrl+Shift+→组合键，即可选中该行所有单元格内容。

（3）快速切换工作表（Ctrl+PageDown/PageUp组合键）

　　在同一个工作簿中，要实现多个工作表切换操作，可使用Ctrl+PageDown或Ctrl+PageUp组合键进行切换。其中Ctrl+PageDown组合键是切换至当前工作表的下一个工作表，而Ctrl+PageUp组合键则是切换至当前工作表的上一个工作表。

（4）插入空白行或列（Ctrl+Shift+加号组合键）

　　要想快速插入空白行或列，可使用Ctrl+Shift+加号（+）组合键，在打开的"插入"对话框中，根据需要按键盘上的"R（整行）"键或"C（整列）"键，然后按回车键，即可完成操作。下面以插入空白列为例，介绍具体的操作步骤。

步骤01 选中要插入列右侧相邻的列内容，按Ctrl+Shift+加号组合键，将打开"插入"对话框。

步骤02 在键盘上按下C键后，按回车键，此时在该列的左侧插入了空白列。

要想一次性插入多个空白行或列，则在一开始选择行或列时，就需要选择相应的行数或列数。例如想要插入3行，在开始指定插入位置时，就需要选择其相邻的3行。

（5）设置单元格格式（Ctrl+1组合键）

一般情况下，我们要对表格的格式进行设置时，都会习惯性地单击鼠标右键，选择"设置单元格格式"命令，然后再打开的对话框中对其格式进行设置。其实这一系列操作我们完全可以通过快捷键来完成。

选中表格内容，按Ctrl+1组合键，打开"设置单元格格式"对话框，然后通过按Ctrl+Tab组合键，切换到所需选项卡进行设置操作。这里需要注意的是：Ctrl+1组合键中的1为大键盘上的1键，而非数字键盘上的1键哦！

下面以添加表格底纹操作为例，来介绍具体设置步骤。

步骤 01 打开表格，按Ctrl+A组合键全选表格内容，然后再按Ctrl+1组合键，打开"设置单元格格式"对话框。

步骤 02 连续按4次Ctrl+Tab键，切换到"填充"选项卡，在该选项卡中，使用鼠标单击所需颜色色块，单击"确定"按钮，即可完成表格底纹的添加操作。

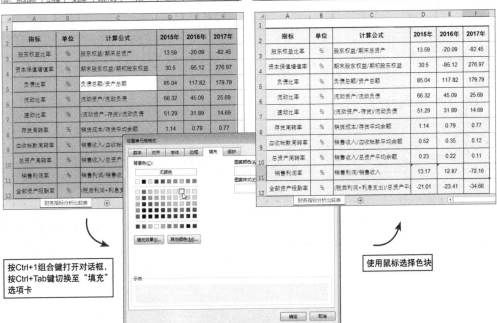

按Ctrl+1组合键打开对话框，
按Ctrl+Tab键切换至"填充"
选项卡

使用鼠标选择色块

03 F2和F4功能键

键盘上从F1到F12功能键，每个按键都有各自的用法。这里挑选两个实用的功能键来向大家介绍具体的用法。

（1）F2功能键

随意选中表格中任意单元格，然后再按F2功能键，看看会有什么效果呢？没错，该单元格进入了编辑状态，此时我们可以修改单元格中的文字、数据以及格式。如果选中带有公式的单元格，按F2功能键后，该单元格中会显示与之相关的公式，我们可以利用该公式来验证该结果是否正确。在日常工作中，经常需要使用F2键来验证数据的正确性。

	超市进货统计表					
日期	品名	价格	数量（千克）	总金额	采购人	备注
2017/4/1	苹果	9	5000	45000	周敏	
2017/4/2	桔子	4	1050	4200	李鑫	
2017/4/3	橙子	3	3000	9000	李易临	
2017/4/4	香蕉	2	1080	2160	王修一	
2017/4/5	柚子	4	2000	8000	李易临	
2017/4/6	西兰花	5	3000	15000	李鑫	大量缺货
2017/4/7	黄瓜	3	4000	12000	王修一	
2017/4/8	豆角	4	2800	11200	李鑫	
2017/4/9	四季豆	5	1700	8500	王修一	
2017/4/10	青椒	4	3000	12000	李鑫	
2017/4/11	茄子	4	3000	12000	李鑫	
2017/4/12	西葫芦	3	5000	15000	李易临	缺货
2017/4/13	丝瓜	4	3000	12000	曹云	
2017/4/14	苦瓜	5	2000	10000	王修一	
2017/4/15	冬瓜	2	3000	6000	曹云	

	超市进货统计表					
日期	品名	价格	数量（千克）	总金额	采购人	备注
2017/4/1	苹果	9	5000	45000	周敏	
2017/4/2	桔子	4	1050	4200	李鑫	
2017/4/3	橙子	3	3000	9000	李易临	
2017/4/4	香蕉	2	1080	2160	王修一	
2017/4/5	柚子	4	=C4:C18*D4:D18				
2017/4/6	西兰花	5	3000	15000	李鑫	大量缺货
2017/4/7	黄瓜	3	4000	12000	王修一	
2017/4/8	豆角	4	2800	11200	李鑫	
2017/4/9	四季豆	5	1700	8500	王修一	
2017/4/10	青椒	4	3000	12000	李鑫	
2017/4/11	茄子	4	3000	12000	李鑫	
2017/4/12	西葫芦	3	5000	15000	李易临	缺货
2017/4/13	丝瓜	4	3000	12000	曹云	
2017/4/14	苦瓜	5	2000	10000	王修一	
2017/4/15	冬瓜	2	3000	6000	曹云	

（2）F4功能键

F4功能键真是一个很实用的快捷键，在进行重复操作时，F4键可真是帮了大忙。举个例子吧，当我们对表头填充底纹后，选择其他单元格并按下F4键，此时被选中的单元格立即填充了相同的底纹。

订单编号	客户代码	业务员	订单数量	产品单价	预付百分比
L013050301	TO13	王若彤	9000	500	10%
L013050302	CH19	张敏君	15000	210	15%
L013050303	JK22	赵小眉	17000	240	12%
L013050701	LO11	李菁云	11000	230	10%
L013050702	TO13	王若彤	20000	200	20%
L013050901	JK22	赵小眉	32000	160	15%
L013050902	CH19	张敏君	15000	220	11%
L013050903	TO13	王若彤	13000	230	18%
L013051201	LO11	李菁云	17500	240	20%
L013051202	JK22	赵小眉	29500	180	22%
L013051203	CH19	张敏君	40000	130	17%
L013051204	LO11	李菁云	33000	140	15%
订单预付款总计				7719500	

订单编号	客户代码	业务员	订单数量	产品单价	预付百分比
L013050301	TO13	王若彤	9000	500	10%
L013050302	CH19	张敏君	15000	210	15%
L013050303	JK22	赵小眉	17000	240	12%
L013050701	LO11	李菁云	11000	230	10%
L013050702	TO13	王若彤	20000	200	20%
L013050901	JK22	赵小眉	32000	160	15%
L013050902	CH19	张敏君	15000	220	11%
L013050903	TO13	王若彤	13000	230	18%
L013051201	LO11	李菁云	17500	240	20%
L013051202	JK22	赵小眉	29500	180	22%
L013051203	CH19	张敏君	40000	130	17%
L013051204	LO11	李菁云	33000	140	15%
订单预付款总计				7719500	

F4功能键也可以称之为格式复制键，但它要比之前介绍的复制格式操作更加方便。F4功能键除了能够重复之前的操作外，还有可以切换公式的相对引用和绝对引用能。将光标置于包含公式的单元格中，显示光标时按F4功能键，即可切换引用类型。